U0249239

美发基础

甘迎春 ◆ 主编

清华大学出版社

内 容 简 介

本书结合教育部职成司关于建设国家示范性职业院校的相关建设任务,建设数字化资源共建共享之专业精品课程的任务,开设了《美发基础》专业的网络精品课程。本书和美发与形象设计专业的网络课程配套使用,实现网络教学与课堂教学的同步。

本项课程是中等职业学校美发与形象设计专业的一门专业课程。它的主要任务是:教给学生美发的基本知识,训练学生相关技能,为提高学生的职业素质,增强其适应职业变化的能力打下基础。本书还对美发的基础知识和操作技能等作了全方位的介绍解读。

通过本书,可以使读者初步掌握美发的基本概念和专业的职业操守,以及具备掌握较强的动手能力。

图书在版编目(CIP)数据

美发基础/甘迎春主编. —北京:清华大学出版社,2014(2024.7重印)
ISBN 978-7-302-37889-1

Ⅰ.①美… Ⅱ.①甘… Ⅲ.①理发—中等专业学校—教材 Ⅳ.①TS974.2

中国版本图书馆 CIP 数据核字(2014)第 202645 号

责任编辑:朱敏悦
封面设计:汉风唐韵
责任校对:宋玉莲
责任印制:杨 艳

出版发行:清华大学出版社
   网 址:https://www.tup.com.cn,https://www.wqxuetang.com
   地 址:北京清华大学学研大厦 A 座 **邮 编:**100084
   社 总 机:010-83470000   **邮 购:**010-62786544
   投稿与读者服务:010-62776969,c-service@tup.tsinghua.edu.cn
   质量反馈:010-62772015,zhiliang@tup.tsinghua.edu.cn
印 装 者:三河市龙大印装有限公司
经 销:全国新华书店
开 本:185mm×260mm **印 张:**24.25 **字 数:**514 千字
版 次:2014 年 9 月第 1 版 **印 次:**2024 年 7 月第 18 次印刷
定 价:79.00 元

产品编号:060465-02

编　委　会

序　言

　　美发基础课程是中等职业学校美发与形象设计专业的一门主干课程，是服务行业的重要技能之一，具有很强的实用性。伴随着国内服务行业的飞速发展，美容美发行业也随之蓬勃发展，并涌现了许多以美发为业务基础的连锁企业和店面。《美发基础》这本教材不仅有很强的实用性，更具有教学实训等特点。它的主要教学特点及任务是：教给学生美发的基本知识，训练学生相关技能，为提高学生的职业素质、增强其适应职业变化的能力打下基础。通过对《美发基础》这本教材综合知识的融会贯通与应用，可使学生掌握美发的基础知识和基本技能，初步了解美发基本概念和拥有较强的实际操作能力。同时本套教材更注重教学过程中对学生职业道德的教育，以期培养学生良好的道德情操、熏陶出高雅的艺术审美品位，因此弥补了以往此类教材的不足。

　　本套教材明确了教学目标，其中包括：掌握美发服务流程和美发职业道德，掌握头发的基本构造和头发常见病的防治，掌握美发工具和美发产品，掌握洗、剪、吹、烫、盘发、漂染的基本知识，掌握发型的造型要素和理解发型的审美艺术，更好地把教学任务深入贯彻其中。

　　在专业技能的培养上，不仅要掌握美发操作基本技能，同时要会正确识别各种发质，分析发质情况，给予顾客专业的指导。按顾客实际情况，协助其正确选择发型，并能规范操作。更要学会发型的初步设计，做出新颖、时尚的发型。

　　在道德素养的培养上，本教材加强了对美发师职业形象、服务流程及职业道德的教育，具体内容是：养成良好的职业道德和规范操作的意识，并且要具有尊重科学、实事求是、刻苦钻研、自主学习、善于学习、独立思辨、敢于创新的精神。

　　本套教材的核心教学内容是：让学生了解头发的基本构造、分类、作用和特点，头发的性质及常见病的防治，以及正确分辨不同发质的基本特点和基本护理方法；知道洗护类、烫发类、染发类以及饰发类用品的主要成分及功能特点，并鉴别其质量及掌握不同发质、发型对护发、美发产品的不同选择；认识各类美发工具，掌握其用途和发型修剪、吹风造型的基本概念，懂得烫发的色彩、原理、流程及分类。

　　本套教材是由南京金陵中等专业学校甘迎春主任主持编写，宋以元、李季、高虹萍、毛晓青、贾秀杉、贺佳、付玲、徐兴、陈虹、刘春霞、李子睿、李东春、曾郑华、郭志鹏、曾慧、周璨、吴玉桃、刘伊组成编写委员会，协助编写完成。其中知识教学目标、能力培养目标、思想教育教学、烫、染基本知识等内容为甘迎春主任编写，美发师服务接待、头发的基本构造及分类、美发用品成分、质量及选择、修剪、吹风、美发造型设计等内容为编写委员成员完成，李季老师进行了整体校对工作。

  本套教材是结合南京金陵中等专业学校美发与形象设计专业的精品课程，以及多年的教学实践经验总结而成。由于作者学识水平有限，书中错误与纰漏之处在所难免，恳请读者批评指正。

  本书适用于以美发和形象设计行业人士及专业学生、研究者阅读。

编 者

2014 年 6 月

目　　录

第 一 章
美发师服务接待

学习目标

1. 认知目标：了解美发师职业形象要求，掌握美发服务流程，理解美发师职业道德内容。

2. 情感态度观念目标：树立职业礼仪观念，培养顾客至上的服务意识，建立职业道德思想。

3. 运用目标：养成遵守职业礼仪的习惯，在生活中自觉践行服务意识和职业道德意识。

内容概述

本章主要介绍了美发师职业形象、美发服务流程和美发师职业道德等内容。美发师职业形象是美发服务接待工作的一个重要方面，美发师只有在仪容仪表仪态和语言方面讲究职业礼仪，才能为顾客提供高水平的服务。美发服务流程是体现美发企业服务质量的窗口，每一位美发师都需要全面掌握从迎顾客进门到送顾客出门的综合性服务流程，这是为顾客提供优质服务的保障。美发师在服务接待中要时刻践行美发师职业道德，充分体现全心全意为顾客服务的核心。

美发师要讲究职业礼仪，具有强烈服务意识和能力，拥有良好职业道德是优秀美发师应具备的职业素养。美发行业的发展壮大日益需求高素质的劳动者。在日常生活中我们要自觉养成良好的文明行为习惯，关心身边的人，关注身边的事，用实际行动践行服务意识和道德意识，努力成为新时期美发行业发展需要的优秀人才。

第一节　美发师职业形象

美发师整洁、得体、美观、高雅的仪容仪表，合乎礼仪的仪态，礼貌温馨的话语，不仅显示了对客人的尊重，还为美发师自身赢得了尊重、好感和成功。

一、美发师的仪容、仪表及相关要求

(一) 美发师的仪容仪表

仪容是指人的容貌外观，仪表是指人的综合外表，包括形体、服饰、风度等。仪容仪表是人的精神面貌的外在表现。良好的仪容仪表可体现企业的氛围、档次和规格。美发师的仪容仪表要做到自然美、修饰美和内在美的统一。

美发师的仪容仪表不仅是美发师职业形象的重要体现，还是美发接待服务工作中的一个重要方面。美发师的外表形象、衣着打扮，不仅反映出其专业态度、气质修养、接待服务的水准，还反映了美发厅的服务质量和水平。

(二) 美发师仪容仪表的具体要求

1. 服装

美发师上班要穿工作服。工作服应整齐干净，不得有异味、污垢。上班时间应佩戴好工号标志。皮鞋要保持光亮，鞋子的颜色要配合工作服的颜色。

2. 头发和首饰

头发应干净、整齐、不散乱。男员工发型要有型，女员工发型要靓丽。上班时间员工不得佩戴夸张、怪异的饰物，不戴戒指。

3. 面部

员工面部应整洁。女员工要淡妆上岗。人的面部、脖子等部位容易出汗，应随时擦干净，禁止满头大汗地服务客人。

4. 漱口

员工要做到口腔无异味。上班前不吃有异味的食物，不喝酒。员工上班前应刷牙漱口，保持口腔清新。无异味方能服务客人。

5. 洗澡

美发师应每天洗澡，手、脚、腋下较容易出汗的部位应勤洗。及时更换衣服，可适当擦些香水。

6. 手部

员工应双手洁净，不留长指甲，不涂指甲油。女员工不得装假指甲。

美发师整洁、得体、美观、高雅的仪容仪表，不但是对客人的尊重，而且会为美发师赢得尊重、好感，大大提高客人对其认可度和信赖感。美发师在讲究仪容仪表的同时，也要加强内在品德的修养。

二、美发师的仪态及相关要求

(一) 美发师的仪态

仪态是以动作、表情等媒介来传递信息、表达思想感情的一种无声的语言。

美发师的仪态是指美发师在服务工作中的站姿、坐姿、行姿、手势、面部表情等，它是美发师职业形象的重要方面。

用公式来讲，职业形象＝简单的修饰＋得体的着装＋优雅的仪态。美发师的一言一行、一举一动不仅反映出其专业态度、技术技能、气质修养、接待服务的水准，还反映出美发厅的服务质量和水平。

（二）美发师仪态的具体要求

1. 站姿

站立要端正，应挺胸收腹、双眼平视，嘴微闭，颈部伸直，微收下颌，双臂自然下垂，双肩稍向后并放松，双手不要叉腰，不插袋，不抱胸。男士应双脚平行分开，与肩同宽站立，双手可以下垂放于裤缝处，也可以背于身后，但与客人说话时不可反背双手；女士应双脚并拢，成"V"字形或"丁"字形站立，双手相握下垂放于身前。站立时禁止依靠于墙面、台面或柱子上；禁止掏耳朵、挖鼻孔、揉搓眼睛、打哈欠、交头接耳、照镜子化妆、整理发型、嚼口香糖等行为。

2. 坐姿

上体自然挺直，双肩平正放松，两臂自然弯曲放在腿上。女员工应双膝自然并拢，双腿正放或侧放。男员工双膝可略分开，双脚正放。不可以两腿上下交叉，也不可以抖动腿部。

员工上班时禁止坐在客人的休息区内，也禁止随意坐在客人的修剪椅上。

3. 走姿

在店内走路时应身体挺直，保持站立时的姿态，不左右摆动、摇头晃肩、斜颈、斜肩。走路时双臂前后自然摆动，幅度不可太大。美发师工作时的步伐要轻、稳、快、雅。男员工步伐要有力，女员工步态要优美、轻盈。

员工行走时禁止在店内边走边东张西望、左顾右盼或回头聊天。

4. 表情与手势

美发师接待客人时要用温和、坦诚、友善、热情的目光关注客人，要面带微笑。微笑是世界通用的交际语言，能带给顾客宾至如归的亲切感和安全感。跟客人说话时，可伴以适当的手势，但切勿幅度过大，一般而言双手两侧离开身体 30～40 公分。在为客人引路做手势时，要五指并拢、掌心向上、以肘关节为轴指向目标，上身可向前倾，切不可用手指或指尖指引。递东西给客人时一定要用双手。

"行为心表"，仪态美是从内心散发出来的。合乎礼仪的形态美展示的是美发师内在的尊严、美德和魅力。

三、美发师的语言

语言是美发师职业形象的重要组成部分。无论美发厅等级高低，对美发师的礼貌用语都要有相应的规范要求。

（一）美发师礼貌用语规范

1. 客人进门时，美发师应面带微笑主动打招呼，称呼要得当，以尊称开口表示对

客人的尊重，以简单亲切的问候语表示对客人的热情。对于熟客，要注意称呼客人姓氏，然后询问客人需要哪些美发服务。

2. 与客人打招呼或听客人问话时，应将上身稍稍前倾以示尊敬，与客人保持一臂的距离，留有一个相对独立的空间。与客人交谈时要使用礼貌用语。

3. 客人讲话时要仔细倾听，眼睛注视着客人，不能有不耐烦的情绪，不可东张西望，不要随便打断客人的谈话。

4. 与客人交谈时，语言要亲切，态度要和蔼，声调要自然，说话要清晰，音量要适中，以客人听清楚为宜。如有两位客人在场，切勿和一位客人长时间交谈而冷落另一位客人。

5. 对客人的询问要及时回答，要有耐心，若遇到回答不出来的问题时应及时请示上级领导，尽量给予解答，不能不懂装懂，胡乱回答。

6. 不在客人面前贬低其他同行，如他人提及其他同行短处时，应示意或想办法避开此话题。不要随意打听客人的年龄、职务、收入、婚姻等私事，也不要轻易询问客人所带物品的价值，以免引起误会，但可作适当赞许。

7. 到一个地方要尽快听懂方言，学会方言，但在接待工作中要使用普通话。

（二）美发师工作中常用礼貌用语

1. 称谓语：先生；小姐；夫人；太太；小朋友。
2. 欢迎语：欢迎光临；欢迎您来我们美发厅。
3. 问候语：您好；上午好；下午好。
4. 常用文明用语：您好；请；谢谢；对不起；请原谅；抱歉；没关系；不要紧；别客气；再见。
5. 道歉语：对不起；请原谅；打扰您了。
6. 道谢语：谢谢；非常感谢。
7. 应答语：是的；好的；我明白了；不要客气；没关系；这是我应该做的。
8. 告别语：请走好；欢迎下次光临；再见；下次再见。

"言为心声，语为人镜。"礼貌用语可以反映美发师的善良、诚恳、热忱，让人产生愉悦、感动之情。

职业形象的打造不只是为了外在的视觉美，更重要的是向他人展示自己的美德、力量和成功的潜力。要想成为一名优秀的美发师，我们必须加强内在修养。从现在做起，塑造自己良好的仪容、仪表、仪态，并使之成为习惯，做秀外慧中的职业人！

第二节　美发服务流程

美发服务流程中每一个步骤都包含着美发师对客人无微不至的关心和爱护。美发行业是技术与服务相结合的行业，增强服务意识，提高服务能力是美发师必备的职业素养。

一、美发服务流程的含义和特点

（一）美发服务流程的含义

美发服务流程是美发行业为了让顾客更顺畅地接受美发服务而设计的服务程序。服务流程既可以细分成独立单元的接待流程、洗发流程、剪发流程、染发流程、烫发流程、吹风流程、护发流程、回访流程等，又可以总体概括成从迎顾客进门到送顾客出门的综合性流程。

美发服务流程不仅能让客人直接感受到无微不至的服务，还能体现出美发企业规范化的管理水平。大部分顾客会通过美发企业的服务流程来判断企业的员工素质、服务质量、技术水准等情况，从而决定美发企业的营销业绩。

（二）美发服务流程的特点

美发服务流程有自己的特点：完整性、合理性、规范性和多样性。

1. 完整性。服务流程要结构完整，使顾客在进店、消费、离店的整个过程中感受到服务。应让顾客时刻被员工的热情和服务包围着，感受不到任何不自在和被轻视的感觉。

2. 合理性。服务流程的设计要合理，服务流程应处处替顾客着想，尤其要在细小之处体现服务者以客为尊的态度。例如，为客人存取衣物、在顾客休息区放置杂志、为烫发客人看书提供小垫枕等环节，让客人感到备受尊重。

3. 规范性。服务流程内容要规范。美发服务流程的内容包括接待流程、洗发流程、剪发流程、染发流程、烫发流程、护发流程、售后服务流程等，每一项流程都从服务语言、服务态度、服务行为三个方面制定了规范要求，使客人感受到服务的专业性，从而增加信任感。

4. 多样性。服务流程虽然被规范化，但并不排斥每个美发企业服务的个性化，从而呈现出多样化的特点。由于各家企业服务的顾客群不相同，企业的消费定位目标不一样，因而在服务的过程中会表现出不一样的地方。美发企业服务流程的多样化特点为广大顾客选择适合自己需求的美发服务提供了便利。

二、美发综合性服务流程的内容

（一）美发综合性服务流程内容

1. 迎宾：站门迎宾人员分双人和单人，通常来讲，如果不忙时双人最好。迎宾应站于门口，45度面朝门口，以便熟悉店堂整个环境和状况，引导客人至适当位置就座。站门的助理站姿要收腹挺胸，面带微笑，顾客来时要45度弯腰迎接。站门员工要向顾客打招呼：先生（小姐）您好！您需要什么样的服务？这边请。

2. 存物：助理带顾客先到存物处存包，帮助客人换好客袍，衣服和包一起进柜。

提醒顾客保存好存物处的钥匙。询问顾客的服务项目。

3. 洗发：助理将水洗的客人带至水洗区，将干洗的顾客带至座位上。助理做好准备工作为顾客洗发。可以询问：顾客您的头皮哪里痒？我的手法轻重可以吗？水洗时注意不要将水溅到客人的眼里、耳朵里，不要洗坏客人的妆容，不要弄湿客人的衣领。干洗时注意不要将泡沫溅到任何地方，尤其是客人的眼里、耳朵里。冲水后用干毛巾包头发，以避免水珠滴下；将客人引导回座位，再以指压按摩或擦干头发。

4. 引荐：助理询问顾客有没有指定的发型师并通知相应的发型师。如顾客没有固定的发型师，由助理向顾客介绍本店的各个服务项目及价格，待顾客选定后再通知相应的发型师。发型师来后，由助理为客人介绍发型师，相互衔接好，不要让顾客感觉很突兀。

5. 上茶：助理及时为顾客送上饮料。

6. 开单子：助理到收银台开服务项目单。服务单上要写清服务项目名称、价格、发型师号、助理号、客袍号。

7. 设计、剪发：发型师见到顾客后应自我介绍一下。"下面由我为您服务，我是某某号发型师。"发型师与顾客沟通后设计发型，依据发型师的专业知识给予顾客建议并最终确定设计方案。得到顾客认可后开始操作。

8. 反馈：剪好头发后发型师用后镜给顾客看效果，并让助理带客人去冲水。

9. 再次沟通：发型师请客人再次坐到椅子上为客人造型并让顾客看效果，如不满意可稍加修理。同时发型师可以跟顾客沟通做烫染之类的服务。

10. 确定项目：愿意做烫染项目的顾客，由发型师给予设计，经顾客认可后可以操作。发型师要告诉顾客产品服务的价格，要让顾客感觉是明明白白消费。

11. 做测试：发型师要将顾客交给烫染技师，并告之操作要求。烫染技师要给顾客做产品的过敏试验，咨询客人有无过敏史。

12. 填单子：技师要在顾客的服务项目单上填写服务项目及其价格。

13. 做烫染：技师为顾客做烫染服务。在烫染过程中，技师不能离开顾客，要时刻关注客人头发的变化效果，关心客人在做的过程中有没有不舒适的反应，并作出相应对策。在等待期内技师可为客人做手臂部、肩部按摩。

14. 跟进服务：助理为等待期的顾客提供杂志，并添加饮料。

15. 冲水：在为顾客做烫染服务的冲水环节中不要弄湿顾客的衣服和眼睛。

16. 做造型：烫染做好后，将顾客交还给发型师，由发型师为客人进行造型设计。发型师做好造型后给顾客看效果。发型师应手把手教客人怎么打理这款发型，并告知客人如何保养头发，并让客人填客户资料表，以方便进行售后服务。

17. 取物：发型师引导顾客至收银台结账。助理为顾客准备好衣服和包，帮助顾客换好衣服。

18. 结账：收银员站姿接待顾客，建议顾客办卡消费，同时询问顾客对这次服务是否满意。如顾客愿意办卡则立即为其办理手续，建立顾客档案资料。

19. 送客：助理和发型师送顾客到门口。"欢迎下次光临！请慢走！"助理和发型师一起送客，并45度鞠躬表示谢意。

20. 回访：发型师要在日后打电话回访顾客，询问顾客及其朋友对发型是否满意。满意的话，请求顾客下次再带家人、朋友来并指定找自己服务；不满意的话可以速带家人、朋友一起来重做。发型师回访时必须要用坦诚、真挚的语言。

（二）学习美发综合服务流程的方法

美发综合性服务流程不仅要熟知，更要在美发店中反复实践，在实践中掌握。学生们要带着全心全意为顾客服务的心态练习服务流程，才能让知识转化为服务能力和行为习惯。

播下思想的种子就会得到行动的果实；播下行动的种子就会得到习惯的果实；播下习惯的种子就会得到性格的果实；播下性格的种子就会得到命运的果实。希望我们都能将美发服务流程做成习惯，使以客为尊、热情待客成为美发人的性格。

第三节　美发师职业道德

美发师职业道德是美发行业对社会所应尽的道德责任和义务。美发服务要始终以全心全意为顾客服务为核心，恪守职业道德，这样才能兴旺发达。

美发师职业道德内容

职业道德是人们在履行本职的工作时，从思想到行动所应遵循的准则，这也是每个行业对社会所应尽的道德责任和义务。我国大力倡导以"爱岗敬业、诚实守信、办事公道、服务群众、奉献社会"为主要内容的职业道德。

美发师职业道德是指美发从业人员在美发经营活动中，从思想观念到工作行为所必须遵循的道德规范和服务要求。全心全意为顾客服务是美发师职业道德的核心。具体要求如下：

（1）爱岗敬业，认真负责

作为一名美发师，应热爱自己的本职工作，爱岗敬业，尽职尽责，要有注重效率的服务意识。对自己所从事的工作要充满自信，对工作要认真负责。要认真学习新技术，刻苦钻研业务，不断提高履行职责的业务水平。树立全心全意为顾客服务的思想，努力做到使每一位顾客满意。

（2）积极主动，热情服务

美发工作是面对面直接为顾客服务的，是技术与服务相结合的综合性服务工作。在美发工作中一定要做到"四个要"：

①要主动待客。做到主动打招呼，主动征求意见，主动送客。

②要热情服务。把顾客当作衣食父母去热情接待，使顾客有"宾至如归"的感觉，树立顾客至上的思想。

③要耐心待客。耐心操作、解答、解决服务中所遇到的各种问题。

④要沟通感情。要与顾客做朋友，全方位、细致周到地满足顾客的要求。

（3）举止文明，诚信经营

美发师的职责是美化人们的生活。要想美化好别人，首先要注重自己的言行举止。美发师要具有礼貌文雅的举止，和善的态度，文明的语言。美发师要每时每刻地检点自己的行为，严于律己、宽以待人，树立良好的自我形象。

对待顾客要诚信，切不能欺客、宰客；使用美发产品要讲究品质，保障顾客身体健康；做到以诚待客，信誉第一。

（4）办事公道，团结协作

美发师对待顾客应一视同仁，不厚此薄彼，将顾客的需求和利益放在首位。能处理好局部和全局的关系，明确任何岗位都是整体工作中的一个环节，具有良好的团队意识。善于团结同事，共同合作，创造和谐向上的团体氛围。

美发师要在职业实践中身体力行职业道德规范。"人非圣贤，孰能无过。"但现存的不足和过错并不妨碍我们去追求完美。只要我们每一个美发师能按照职业道德规范做到省察克己，我们的美发行业就一定会更加兴旺发达。

第二章
毛发知识

学习目标

第一节　皮肤结构

1. 理解皮肤概念。

2. 熟悉掌握皮肤结构。

3. 熟悉掌握皮肤功能。

4. 了解皮肤的分类。

5. 掌握各类皮肤的性质。

第二节　骨骼与肌肉

1. 了解骨骼概念。

2. 掌握骨骼的分类及结构。

3. 了解肌肉结构。

第三节　毛发的生理知识

1. 掌握头发结构。

2. 了解、掌握头发生长规律及生长周期。

3. 了解、掌握头发形状。

内容概述

本章节从人的皮肤结构、骨骼与肌肉、毛发的生理知识三个方面介绍讲解了相关概念、结构以及其他相关知识点。

第一节　皮肤结构

本节从皮肤概念、结构入手，介绍了皮肤的功能、皮肤的分类以及皮肤的性质。让学生通过对本节知识的学习，掌握其皮肤的一些基础知识。

一、皮肤的概念

皮肤指身体表面包在肌肉外面的组织，是人体最大的器官，主要承担着保护身体、

排汗、感觉冷热和压力的功能。皮肤覆盖全身，使体内各种组织和器官免受物理性、机械性、化学性和病原微生物性的侵袭。（如图 2.1 所示）

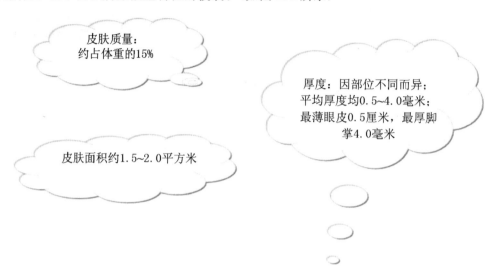

皮肤质量：约占体重的15%

厚度：因部位不同而异；平均厚度均0.5~4.0毫米；最薄眼皮0.5厘米，最厚脚掌4.0毫米

皮肤面积约1.5~2.0平方米

图 2.1　皮肤的概念

二、皮肤结构功能

（一）皮肤的结构

皮肤由内向外可以分为三层：表皮、真皮和皮下组织。此外，皮肤还含有附属器官（汗腺、皮脂腺、指甲、趾甲）以及血管、淋巴管、神经和肌肉等。（如图 2.2 所示）

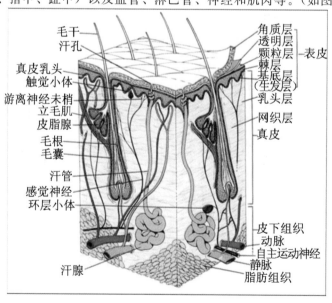

图 2.2　皮肤结构彩图

1. 表皮

表皮位于皮肤最外一层，覆盖全身，有保护作用。手掌和脚掌最厚，眼皮最薄。表皮没有血管，但有许多神经末梢，可以感知外界的刺激。

表皮由外向内分为：角质层、透明层、颗粒层、棘层、基底层。（如图 2.3 所示）

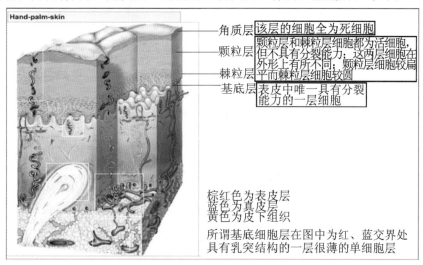

角质层——该层的细胞全为死细胞

颗粒层——
棘粒层——颗粒层和棘粒层细胞都为活细胞，但不具有分裂能力；这两层细胞在外形上有所不同；颗粒层细胞较扁平而棘粒层细胞较圆

基底层——表皮中唯一具有分裂能力的一层细胞

棕红色为表皮层
蓝色为真皮层
黄色为皮下组织
所谓基底细胞层在图中为红、蓝交界处具有乳突结构的一层很薄的单细胞层

图 2.3　表皮结构

2. 真皮

真皮位于表皮下面，向下与皮下组织相连。主要由胶原纤维、网状纤维、弹力纤维、细胞和基质构成。

真皮具有一定的弹性和韧性，能经受一定的摩擦和挤压，有保护内部组织的作用。真皮中分布有血管、神经、皮脂腺、汗腺和毛囊。（如图 2.4 所示）

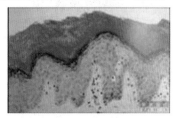

图 2.4　真皮结构

3. 皮下组织

皮下组织又称为皮下脂肪组织，住于真皮下方，与真皮无明显界限。皮下脂肪细胞起缓冲外力和保暖的作用，由一些松散的结缔组织和脂肪组成。皮下组织能增强皮肤的弹性，缓冲外力对人体的冲击，保护内脏器官。（如图 2.5 所示）

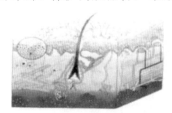

图 2.5　皮下组织

4. 皮肤的附属器官

（1）皮脂腺

皮脂呈囊状，附在毛囊上，能分泌一种油状混合物，对皮肤有润滑作用。皮脂与汗液混合乳化，在皮肤表面形成一层薄膜，叫皮脂膜。皮脂膜呈弱酸性，有杀菌作用，可防止皮肤被细菌和微生物感染，这对保障皮肤健康有重要作用，是皮肤的第一道天然保护屏障。（如图 2.6 所示）

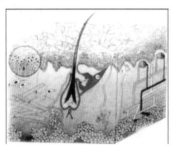

图 2.6　皮脂腺

（2）汗腺

汗腺分泌汗液，在调节体温方面起着重要作用。随着汗液的分泌，体内的废物可被排泄出来。下图为汗腺口。（如图 2.7 所示）

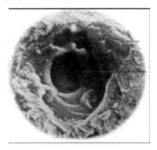

图 2.7　汗腺

（3）毛发

人体除手掌及脚底外，一般都有毛发。

（4）指（趾）甲

指（趾）甲覆盖在指（趾）末端，为半透明状的角质板。

（二）皮肤的功能

1. 保护肌体

皮肤位于人体最外层，直接面对外在环境，是人类的壁垒城堡，可防御细菌，使之不易侵入人体，并可减少皮下组织所受到的物理伤害，防止过多的日光和光学流性物的侵入。

2. 感受刺激

经由知觉神经末梢的传递，皮肤可对冷、热、触摸、压力及疼痛有所反应，以及时避免受到伤害、保护人体。（如图 2.8 所示）

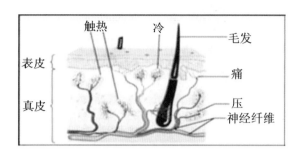

图 2.8　皮肤功能

3. 调节体温功能

皮肤内的血液及汗腺会随外界温度的变化，替人体进行必要的调节，让体温维持在 37℃ 的常温，汗水的蒸发时可使热力消失，免得中暑。

4. 分泌排泄功能

皮肤有皮脂腺和汗腺，皮脂腺会分泌油脂，维持水分，并供给皮肤营养。滋润汗液的排泄和皮脂分泌都是人体的正常生理现象。通过排汗可以调节体温。皮脂则是皮脂膜的主要组成成分。（如图 2.9 所示）

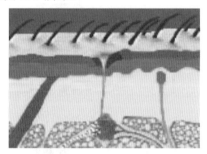

图 2.9　皮肤结构

三、皮肤的分类与性质

（一）人的皮肤，按照皮脂腺分泌状况，一般可以分为以下四种类型：

1. 油性皮肤。

2. 干性皮肤。

3. 中性皮肤。

4. 混合性皮肤。

（二）皮肤的性质特征

1. 油性皮肤性质：皮肤粗厚，毛孔明显，部分毛孔很大，酷似橘皮。皮脂分泌多，特别在面部及"T"形区可见油光；皮肤纹理粗糙，易受污染；抗菌力弱，易生痤疮；附着力差，化妆后易掉妆；较能经受外界刺激，不宜老化，面部出现皱纹较晚。（如图 2.10 所示）

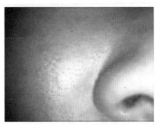

图 2.10　油性皮肤

2. 干性皮肤性质：肤质细腻，较薄，毛孔不明显，皮脂分泌少而均匀，没有油腻感觉。皮肤比较干燥，看起来显得清洁、细腻而美观。这种皮肤不易生痤疮，且附着力强，化妆后不易掉妆。但干性皮肤经不起外界刺激，如风吹日晒等，受刺激后皮肤潮红，甚至灼痛。容易老化起皱纹，特别是在眼前、嘴角处最易生皱纹。干性皮肤又可分为缺油性和缺水性两种。（如图 2.11 所示）

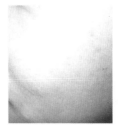

图 2.11　干性皮肤

3. 中性皮肤性质：皮肤平滑细腻，有光泽，毛孔较细，油脂水分适中，看起来显得红润、光滑、没有瑕疵且富有弹性。对外界刺激不太敏感，不宜起皱纹，化妆后不易掉妆。多见于青春期少女。皮肤季节变化较大，冬季偏干，夏季偏油。30 岁后变为干性皮肤。（如图 2.12 所示）

图 2.12　中性皮肤

4. 混合性皮肤性质：同时存在两种不同性质的皮肤为混合性皮肤。一般在前额、鼻翼、颌部（下巴）处为油性，毛孔粗大，油脂分泌较多，甚至可发生痤疮，而其他部位如面颊部，呈现出干性或中性皮肤的特征。（如图 2.13 所示）

图 2.13　混合性皮肤

第二节 骨骼与肌肉

本节将从骨骼概念入手，介绍人体骨骼的组成以及相关骨骼的名称、骨骼的分类和结构以及头肌的结构。

一、骨骼的概念

成人的骨头共有 206 块，全身的骨头相互连接，形成坚硬的支架，叫作骨骼。（如图 2.14 所示）

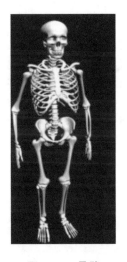

图 2.14 骨骼

二、骨骼的分类及结构

（一）骨骼的分类

骨骼分为颅骨、躯干骨和四肢骨。

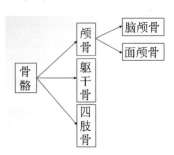

（二）颅骨的分类及结构

1. 颅骨的分类

颅骨由脑颅骨和面颅骨组成，是头、面骨骼的总称。由不同形状的 23 块骨组成，位于脊椎上方，是头部重要器官的支架。

2. 脑颅骨

脑颅骨位于颅的后上部，又称颅盖骨，由 8 块骨构成，包括成对的顶骨、颞骨和不成对的枕骨、额骨、蝶骨、筛骨。由其围成容纳脑组织的颅腔，对于大脑中的脑组织起到保护作用。（如图 2.15 所示）

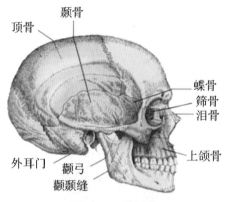

图 2.15　脑颅骨

脑颅骨的组成：额骨（1 块）、顶骨（2 块）、枕骨（1 块）、蝶骨（1 块）、颞骨（2 块）、筛骨（1 块）。（如图 2.16 所示）

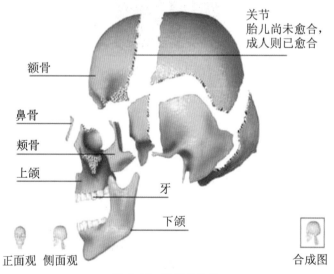

图 2.16　脑颅骨结构

3. 面颅骨

面颅骨是由一块梨骨、下颌骨、舌骨及成对的上颌骨、鼻骨、泪骨、颧骨、下鼻甲骨及腭骨 15 块骨组成，形成脸型轮廓。（如图 2.17 所示）

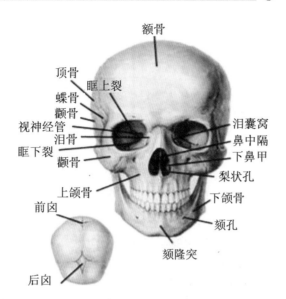

图 2.17　面颅骨

面颅骨的组成：梨骨（1块）、上下颌骨（2块）、鼻骨（2块）、泪骨（2块）、颧骨（2块）、下鼻骨（2块）、腭骨（2块）、下颌骨（1块）、舌骨（1块）。（如图2.18所示）

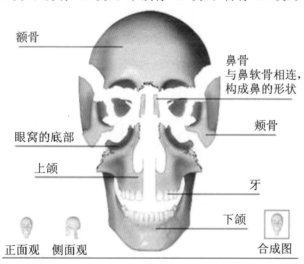

图 2.18　面颅骨结构

（三）不同顾客颅骨特征

种类	特点
男子	顶部正反，额部略向后倾斜
女子	顶部比较圆润，下颌稍尖，额面较平直
老年人	上下颌骨明显凸出（牙齿脱落）
幼儿	额部内收，脑颅部位显大

三、肌肉结构

（一）肌肉的特征。人体肌肉有 500 多块，占人体质量的 40%；具有收缩和放松的特征。

（二）头肌。头肌分为表情肌、咀嚼肌。

1. 表情肌

表情肌又称为面肌。

面肌包括：额肌、枕肌、眼轮匝肌、口轮匝肌、上唇提肌、颧肌、降口角肌、降下唇肌、颊肌。（如图 2.19 所示）

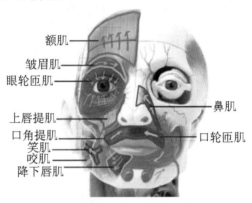

图 2.19　表面肌

2. 咀嚼肌

咀嚼肌由颞肌和咬肌组成。分述如下：

（1）颞肌：咀嚼运动时在颞窝处可触动该肌起伏，帮助咀嚼。（如图 2.20 所示）

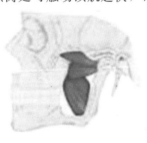

图 2.20　颞肌

（2）咬肌：收缩时上提下颌骨，咬紧牙齿时上下牙齿能强力咬合。（如图 2.21 所示）

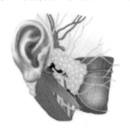

图 2.21　咬肌

第三节 毛发的生理知识

本节从皮肤、骨骼与肌肉、毛发三个方面介绍了人的生理知识，并介绍了皮肤的概念，皮肤的结构与功能，皮肤的分类与性质；骨骼的概念，骨骼分类及结构，肌肉的结构；头发的结构，头发生长规律、生长周期循环时间，头发的形状等。

一、头发的结构

毛发是皮肤的附属物。毛发不能离开皮肤而独立存在的，是头皮的重要组成部分。毛发分为毛干、毛根两部分。毛根在皮肤内，毛干露出皮肤。

1. 毛根

毛根包裹在毛囊中。毛囊下端膨大成球的部分称为毛球，毛球底部凹陷，真皮组织伸入其中，则构成毛乳头。毛球下层与毛乳头相接处为毛基质。

（1）毛球。毛发的根端膨大状似葱头的部分，是一群增殖和分化能力很强的细胞。

（2）毛乳头。毛囊下端向内凹入部分。毛乳头对维持毛发营养和生长有重要影响。当毛乳头遭破坏或毛囊退化时，毛发停止生长，并逐渐枯萎脱落，新毛发更换或再生难以形成。

（3）毛基质。毛基质是毛发的生长区，含有黑色素的细胞，分泌黑色素颗粒并输送到毛发细胞中，黑色素颗粒的多少和种类，决定头发的颜色。

（4）毛囊。毛根下端略微膨大的部分。（如图 2.22 所示）

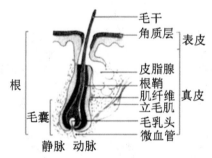

图 2.22 头发结构

2. 毛干

从一根毛干的剖面图观察，发干分为三层，即表皮层、皮质层、髓质层。

（1）表皮层。位于毛发的最外层，占整个头发的 13%。表皮层是由 6～12 层的重叠鳞片（毛鳞片）所组成。所有的鳞片边缘都是从发根指向发梢，这些角质鳞片又靠一种类似糊状的物质衔接着；角质鳞片通常是透明或半透明的，它保护头发内部的水分、营养及色素，同时也主宰毛发的光滑度。

（2）皮质层。皮质层是毛发的重要部分。毛发的大部分色素来源于此，并为毛发

提供弹性。位于毛发纤维的第二层，由1～2万根纤维细胞交织拧绕组成，占整个头发的80％。美发项目中所有的化学操作，都是发生在皮质层内，改变其结构和颜色。

（3）髓质层。发干的中央核心，也称为髓质层（在细发或很细的毛发中常常不存在）是由更柔软的蛋白质及多角细胞及少部分色素构成。对头发起作支撑的作用。（如图2.23所示）

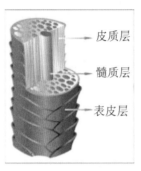

图2.23　毛干

二、头发的生长规律

头发的生长方向、生长周期、生长速度都有一定的规律。头发的生长方向呈伞状。一般头顶部分由发涡位置决定发势，并从两侧和枕骨下部分由下向上生长。

头发生长于毛囊中。毛囊就像是制造头发的工厂，有健康的毛囊才会有健康的头发。头发不断地生长和脱落，呈现周期性，可分为生长期、静止期和脱落期三个阶段。（如图2.24所示）

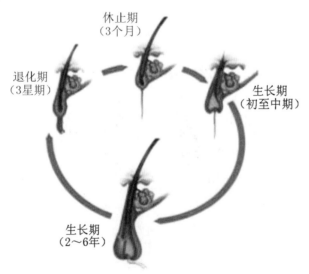

图2.24　头发生长周期

1. 生长期：头发的增长时期，毛囊功能活跃，头发以约0.3毫米/天（即约0.8～1厘米/月）的速度生长。一般生长期是2～6年。

2. 静止期（退行期）：毛囊开始退化，头发停止生长，时间是4～5个月。

3. 退化期（休止期）：静止期过后头发慢慢开始退化，脱落的现象，这时毛球细胞停止增生，发生萎缩，向表皮推移，与毛乳头分开，头发脱落。（如图 2.25 所示）

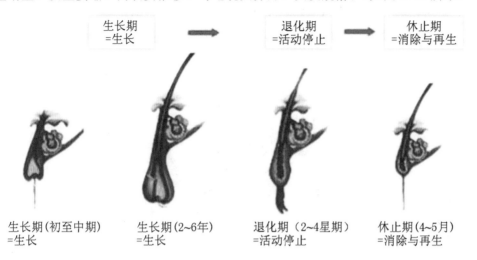

| 生长期
=生长 | → | 退化期
=活动停止 | → | 休止期
=消除与再生 |

生长期(初至中期)　　生长期(2~6年)　　退化期（2~4星期)　　休止期(4~5月)
=生长　　　　　　　=生长　　　　　　　=活动停止　　　　　=消除与再生

图 2.25　头发生长规律

正常人每天新陈代谢所掉落的头发大约 50~100 根，因为毛发的生长周期不相同，所以自然掉发并不明显。

三、头发的形状

头发的形状可从以下四个方面分：

1. 从横切面形状分
（1）东南亚大多数民族毛发直而不卷，毛发截面呈圆形；
（2）白种人呈波状，毛发截面呈卵圆形；
（3）黑种人毛发卷曲截面呈扁形。

2. 从纵向形状分
（1）鬈发：弯曲，软如羊毛，断面呈凹形；
（2）波形发：形似波浪起伏，纤维细软，断面呈卵形；
（3）直发：形状平直，少数有弯曲，断面呈圆形。

3. 从人种分
（1）白种人长波形发；
（2）黑种人长鬈发；

（3）黄种人直发。

4. 从颜色分

（1）棕色和黄色一般都呈不同程度的弯曲状（即波形状）；

（2）褐色的头发呈卷曲状；

（3）黑色头发成直线状（直发）。

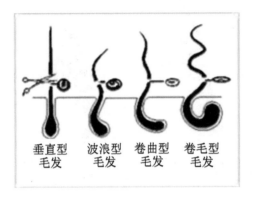

| 垂直型毛发 | 波浪型毛发 | 卷曲型毛发 | 卷毛型毛发 |

第三章
洗发、按摩

学习目标

学会洗发

1. 识记洗发的作用。

2. 掌握运用水洗洗发流程及操作方法。

3. 掌握运用干洗洗发流程及操作方法。

4. 掌握洗发效果不佳的原因及处理。

学会按摩

1. 识记按摩的作用。

2. 识记掌握头部主要穴位及作用。

3. 掌握运用头部按摩程序及方法。

4. 掌握肩部、背部主要穴位及作用。

5. 掌握运用肩部、背部按摩程序及方法。

6. 识记按摩注意事项及易出现的问题。

内容概述

本章从洗发、按摩两个方面介绍了洗发的作用，干洗、水洗的程序和方法，洗发效果不佳的原因及处理，按摩的作用，头部、肩部、背部主要穴位及作用，头部、肩部、背部按摩程序及方法，头部、肩部、背部按摩注意事项及易出现的问题。

第一节 洗 发

本节从水洗、干洗入手，介绍洗发的作用、流程及方法。力求让学生通过对本节知识的学习，掌握洗发的一些基础技能。

一、洗发的作用

洗发是剪发、烫发、染发、护发、整发等的前期工作。它不仅是一项预备步骤，

更是顾客对美发师评估的第一个印象。同时也是表现沟通能力的最佳时刻，也是一项很有价值的销售辅助活动实践。通过美发师的建议，顾客会获得额外的服务。在平常时间也是使头发达到美感的先决条件。

通过洗发可以去除头发和头皮的污垢（空气中的灰尘、头皮的皮脂腺和汗腺的分泌物，饰发用品的残留物，发胶、发乳、发蜡等，还可以去除头皮屑。其作用，具体分述如下：

1. 保健作用——舒适、提神、醒脑

洗发操作通常运用揉搓、抓挠等动作来完成，这些动作反复接触头皮，可以促进血液循环和表皮组织的新陈代谢，有利用头发的生长；同时适当的刺激还可使头发得到按摩，让顾客产生轻松舒适之感，具有消除疲劳，振奋精神的作用，有利于身心健康。

2. 美化作用——体现自然美

洗后的头发蓬松柔软，富有光泽。即使不做任何修饰，也能将头发的自然美感得到充分的展示。

3. 前提作用——为塑造发型打下基础

洗发时为后续进行其他美发项目作铺垫，顺滑、清爽的头发易于梳理，便于修剪操作和吹风造型，是进行修剪、烫发、吹风造型、头部护理等项目的前提条件。

二、水洗洗发流程及操作方法

（一）洗发工具准备

洗发所需工具包括：洗发围布、毛巾、洗发液、护发素、吹风机、宽齿梳等。

（二）洗发流程及操作方法

1. 检查顾客头皮状况

美发师要先对顾客的头皮状况进行检查，看看是否有红肿、破损及各类皮肤病症状，以便决定是否可以进行洗发或其他项目的操作。

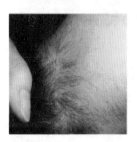

2. 围围布或穿洗发外衣

具体方法是：帮顾客围上毛巾和颈垫，并将松紧调整好，扶客人躺下，可在顾客胸前再搭一块毛巾。

注意事项：

湿发前，用大齿梳梳理顾客头发，避免洗发时头发易缠绕打结。

3. 调节好水温

用手腕内侧试水温，调好水温后再把喷头移到顾客的额头，问顾客水温是否合适。如果客人对水温有感到不满时，立即把喷头从顾客的头部拿开，根据顾客要求调节水温，致顾客满意为止。

4. 冲水

开始洗头发前，以温水冲洗掉头皮的头皮层和污垢。

注意事项：

用温水（喷头）将头发完全冲湿，并使用空余的一只手，移动手以保护顾客的脸、耳及颈部，以防止水喷在顾客的面部上。先冲前额头顶，手掌轻轻贴在顾客头上挡水而后冲洗左侧鬓角、右侧鬓角和脑后。

冲洗时一手拿喷头，另一手插进头发里，跟着水流的方向走，一定要冲透。

5. 涂放洗发液

将适量的洗发水先用两个手掌搓匀，再涂抹在客人耳上两边的头发上。

6. 开沫

双手以打圈方式揉出泡沫，泡沫适量后将泡沫拉到发尾并延伸到全头。

7. 收发际线

用双手的手指，在头皮作半圆弧状的按与滑动动作。

8. 抓洗

（1）抓洗头前部分

双手手掌向上或向下同时从前发际线抓至头顶，由神庭到黄金点反复抓洗，中间有停顿。

缓慢向两侧移动，抓时移动长度越长越好，但力量需均匀放置于头部。

（2）抓洗头部两边侧面

手的移动由侧边发际线向顶部移动。

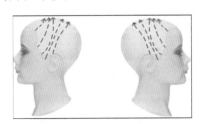

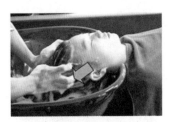

（3）抓洗头后部分

手的移动由下方发际向顶部移动。

两手掌心，托住后脑，手指抓洗后脑，由颈部中间到头顶部。

（4）抓洗头顶部及正后部分

双手手指略为张开，交叉来回搓洗。移动动作可以锯齿状进行，幅度可大可小，可轻可重，根据实际需要调整。

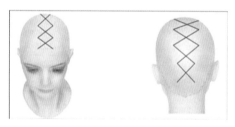

抓洗一般是两次，因此第一遍抓洗完毕，用水冲洗干净，再重新涂放洗发液抓洗第二遍。第二遍与第一遍的抓洗动作大致相同，但节奏可稍快些。抓洗时避免用指甲抓挠头皮。注意用一只手挠头，另一只手托住顾客的头部。

9. 冲洗

调试好水温，然后将喷头顺发丝方向冲洗，并做不同角度转动。

注意事项：

（1）一定要用自己手腕处试水温，水要先冲顾客的额头，不能烫伤顾客。

（2）随时和顾客沟通。

操作时两手配合要默契，右手拿喷头时，左手手掌张开护住前额及耳部。

右手拿喷头时，左手要顺势在发丝间抖动，将泡沫完全冲洗干净。

10. 涂护发品

将护发素均匀地涂抹在发丝上，双手十指分开，理顺头发，在头发上停留1～2分钟，之后将护发素冲净。如需烫发或染发则不要做护发处理。

11. 包毛巾

首先用干毛巾吸干脸部、颈部和耳朵部分的水（毛巾以按摩方式吸干头发的水），然后轻轻托起顾客的头部，用干毛巾沿发际线周围将头发包好，然后再轻轻托着顾客头部和肩部，告诉顾客可以坐起来了。

注意事项：

注意包毛巾的方法，松紧合宜。也可用胸前毛巾包住头发。

12. 头发洗净后的打理

用一大块干毛巾把头发上的水尽量吸掉。用大梳子轻轻梳理后，自然晾干。如果

使用吹风机应使用"柔和挡"，距头发 10 厘米之外，将头发吹干。切记勿用干毛巾反复揉搓、拍打湿发，发根经过热水浸泡和按摩，血液循环加快，毛孔张开，粗暴对待，头发很容易被拉断。

三、干洗洗发流程及操作方法

（一）洗发工具准备

洗发所需工具包括洗发围布、毛巾、洗发液、护发素、吹风机、宽齿梳等。

（二）洗发流程及操作方法

1. 检查顾客头皮状况

美发师要先对顾客的头皮状况进行检查，看看是否有红肿、破损及各类皮肤病症状，以便决定是否可以进行洗发或其他项目的操作。

2. 围围布或穿洗发外衣

具体方法是：先将顾客衣领折叠内翻，毛巾平搭于顾客肩部，然后围上洗发围布并将松紧调整好（或穿上洗发外衣）。如有必要可在肩上再搭一块毛巾。

3. 湿发前用大齿梳梳理顾客头发

在洗发前向不同方向梳理头发，将头发从发根到发梢都梳通，否则，洗发时头发易缠绕打结，如果强制拉扯头发，会造成头发人为脱落。

4. 涂放洗发液、开沫

（1）根据顾客个体情况决定洗发液量。

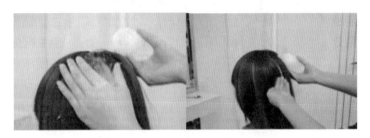

（2）开泡沫：把洗发水涂抹在头顶上，一只手拿开沫瓶，向有洗发水的地方加水，另一只手五指自然弯曲，置于头顶部位，并使手指微微插人发丝中，做顺时针或逆时针的转动，打圈涂抹洗发液，打出丰富的泡沫，直至泡沫布满整个头部。

5. 收发际线

用双手的手指，在头皮作半圆弧状的按与滑动动作。

6. 抓洗

（1）抓洗头前部分。

用双手指腹的前端，由前发际处抓洗到顶部（黄金点）每一处来回移动 2～3 次，并缓慢向侧面移动，再缓慢向另一侧移动，抓的动作、移动长度越长越好，但力量需

均匀放置于头部。

（2）抓洗头部两边侧面。

手的移动由侧边发际线向顶部移动。

（3）抓洗头后部分。

手的移动由下方发际向顶部移动，有三种手法。

（4）抓洗头顶部及正后部分。

用双手手指略微张开，交叉来回搓洗。

抓洗一般是两次，因此第一遍抓洗完毕，应除去脏的泡沫，再重新涂放洗发液抓洗第二遍。第二遍与第一遍的抓洗动作大致相同，但节奏可稍快些。抓洗时避免用指甲抓挠头皮。

7. 冲洗

将顾客领至洗发椅处躺好，美发师调试好水温，然后将喷头顺发丝方向冲洗，并做不同角度转动。操作时两手配合要默契，右手拿喷头时，左手手掌张开护住前额及耳部；左手拿喷头时，右手要顺势在发丝间抖动，将泡沫完全冲洗干净。

注意事项：

一定要用自己手腕处试水温，水要先冲顾客的额头，不能烫伤顾客。

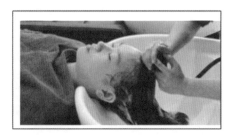

8. 涂护发品

将护发素均匀地涂抹在发丝上，双手十指分开，理顺头发，在头发上停留1~2分钟，之后将护发素冲净。如需烫发或染发则不要做护发处理。

9. 包毛巾

首先用毛巾吸干脸部、颈部、耳朵部分的水（毛巾以摩擦方式吸干头发的水）然后轻轻托起顾客的头部，用毛巾沿发际线周围将头发包好，然后再轻轻托着顾客头部和肩部，告诉顾客可以坐起来了。

注意事项：

注意包毛巾的方法，松紧合宜。也可用胸前毛巾包住头发。

10. 头发洗净后的打理

用一大块干毛巾把头发上的水尽量吸掉。用大梳子轻轻梳理后，自然晾干。如果使用吹风机应使用"柔和挡"，距头发 10 厘米之外，将头发吹干。切记勿用干毛巾反复揉搓、拍打湿发，发根经过热水浸泡和按摩，血液循环加快，毛孔张开，粗暴对待，头发很容易被拉断。

四、洗发效果不佳的原因及处理方法

原因一：顾客感觉不舒服。

详细原因及处理方法为：

1. 洗发时间过长。

2. 顾客躺在洗发椅上的位置不合适（过高或过低）。

3. 洗发动作及力度不准确。力度太轻或太重，应该调整到顾客感觉舒服的力度，注意一定要用指腹，尽量不要用指甲，以免刮伤头皮。

4. 水温不合适。水温偏高或偏低，一般应保持在 39℃～42℃之间。

5. 洗发动作不规范等原因也会导致顾客产生不适感觉。

原因二：洗发时泡沫不丰富。

详细原因及处理方法为：

1. 洗发液与水的比例不合适，太稀或太稠都会造成洗不出泡沫或泡沫不充足。

2. 另外，头发太脏也是原因之一，可考虑增加洗发次数。

原因三：泡沫及水淋湿顾客的衣服。

详细原因及处理方法为：

1. 在洗发过程中，泡沫也不能太多。太多的泡沫容易溅到顾客脸上或衣服上；抓洗时手指尽量要干净，多余的泡沫可以扔掉。

2. 水洗冲洗时喷头的角度不对，没有顺发丝方向冲洗。

3. 左手没有与右手相配合，以保护好顾客。

4. 干洗涂放洗发液时，左手的打圈动作不协调。

5. 倒洗发液的位置不对，应倒在头顶偏后的位置上。泡沫也要尽量集中到顾客头顶，否则容易把泡沫弄到顾客耳朵和脸上（可以把泡沫集中到手心里面，就比较容易

控制）。

原因四：颈部冲洗不彻底。

详细原因及处理方法为：

1. 顾客躺在洗发椅上的位置过低，以至颈部没有完全显露出来。

2. 没有将顾客头部抬起来冲洗，所以导致颈部冲洗不彻底。

原因五：程序出错。

详细原因及处理方法为：

没有给顾客使用护发素或在顾客要烫发、染发前，使用了护发素。

第二节　按　　摩

本节从头部、肩部、背部的主要穴位及作用入手，介绍头部、肩部、背部按摩程序及方法。让学生通过对本节知识的学习，掌握头、肩、背主要穴位按摩的一些基础技能。

一、按摩的作用

美发按摩是通过各种手法作用于人体的头、肩、背部等人体肌表，以调整人体机能状态，达到保健身体、消除疲劳的目的。具体作用为：

1. 促进血液循环。

2. 消除疲劳使精神焕发。

3. 促进新陈代谢。

4. 增强皮肤弹性。

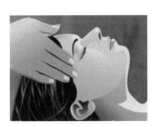

二、头部穴位位置和按摩的作用

（一）头部主要穴位（如图 3.1 所示）

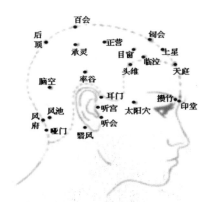

图 3.1　头部主要穴位

（二）头部主要穴位的作用（如表 3.1 所示）

表 3.1　头部主要穴位的作用

穴位名称	位置描述	按摩作用
攒竹穴	位于两个眉头处	主治疏风解表、镇静安神
印堂穴	位于两眉的间隙中点	主治头痛、头晕
天庭穴	在前发际线正中上 0.167 厘米	主治头痛、头晕
百会穴	位于前顶后一寸五分处	主治头痛、昏迷不醒等
太阳穴	位于眉后，距眼角五分凹陷处	主治疏风解表、清热、明目、止痛
率谷	位于耳上入发际线一寸五分处	主治头痛
风府穴	位于后发际线正中一寸处	主治散热吸湿
风池穴	在后脑部两端的凹陷处	主治发汗解表、祛风散寒，调节皮脂腺和汗腺的分泌
翳风穴	位于耳垂后方，张口取之凹陷处	主治疏风通络，改善面部血液循环
听会穴	位于耳垂直下正前方凹陷处	主治止痛
听宫穴	头部侧面耳屏前部，耳珠平行缺口凹陷中，耳门穴的稍下方即是	主治回收地部经水导入体内
耳门穴	耳门穴位于人体的头部侧面耳前部，耳珠上方稍前缺口陷中，微张口时取穴	主治降浊升清
哑门穴	在顶部后正中线上，第一颈椎与第二颈椎棘突之间的凹陷处（后发际凹陷处）	主治收引阳气

三、头部按摩程序及方法

（一）松弛头部

双手十指略略分开，插入头发中。然后，十指并拢夹住头发轻轻向外提拉。

（二）点穴

1. 面部穴位：印堂、攒竹、鱼腰、丝竹空

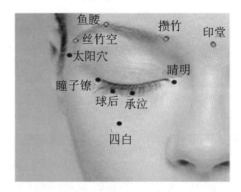

手法1：以顺时针或逆时钟方向绕圈的方式揉按。

手法2：以顺时针或逆时钟方向绕圈的方式揉按，再带力按压穴位。

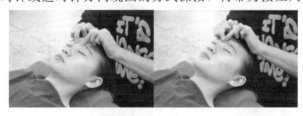

2. 太阳穴位

食指、中指分别按住太阳穴，以顺时针或逆时针方向绕圈的方式揉按，先揉几下，随后将手指轻提，稍作停顿再沿穴位按一下。

（三）头部按摩

1. 头部纵向三条线穴位的按摩

手法：点按（从一个穴位用摩法移动到下一个穴位，反复几次）

第一条线：由天庭穴——→百会穴

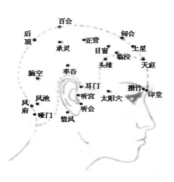

第二条线：由临泣穴——>后顶穴

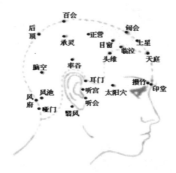

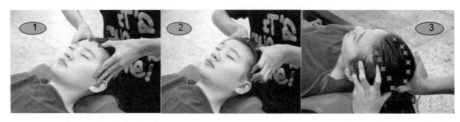

第三条线：由头维穴——>脑空穴

2. 头部横向三条线穴位的按摩

手法：点按穴位

第一条线：由上星穴——→目窗穴——→率谷穴

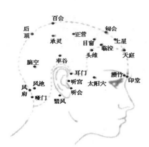

第二条线：由囟会穴——→正营穴——→率谷穴

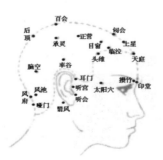

第三条线：由百会穴——→承灵穴——→率谷穴

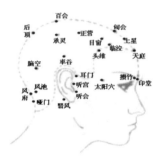

3. 从发际线到后顶部的按摩

手法：双手五指分开、重叠，指头放在前额上，缓慢而平稳地朝后移动，用适度的力度点按直到后顶部。

由上星穴——→目窗穴——→率谷穴

4. 点压法

手法：用指端在所有穴位上用力向下点压。

由上星穴——→目窗穴——→率谷穴

5. 敲击头部

手法1：用手指的侧面及掌侧面依靠腕关节摆动击打按摩部位，力度均匀而有节奏。

手法2：双手合十，掌心空虚，腕部放松，快速抖动手腕，以双手小指外侧着力，叩击头部，从头顶至颈部轻扣头皮。

手法3：先用一只手轻抚头部，然后用握空心拳的另一只手敲打其手背，或者双手握空心拳同时敲打头部。

6. 轻弹头顶部

手法：指尖并拢成梅花状，用指尖在皮肤表面一定部位上做垂直上下击打动作。

（四）再次放松头部

手法：双手十指略张插入头发中，十指并拢夹住头发轻轻向外提拉。

（五）耳部按摩

手法：揉按
双手拇指、食指分别沿耳轮揉按耳门、听宫、听会、翳风穴位。

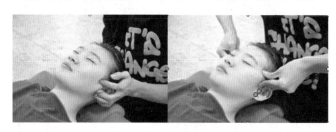

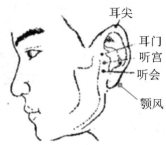

（六）颈部按摩

手法1：将拇指与食指，中指或用拇指与其余四指卷曲成弧形，在所选定的穴位处，一握一松地用力拿捏。

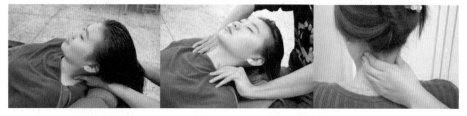

手法2：由后颈向上用大拇指依次按压揉动哑门、风府、风池穴。
手法3：用大拇指、食指、中指按摩颈椎部。
手法4：双手大拇指腹按摩颈椎部。

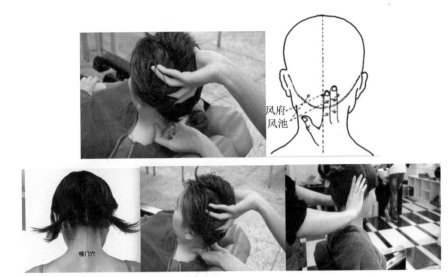

四、肩部、背部主要穴位及作用

（一）肩部、背部主要穴位（如图 3.2 所示）

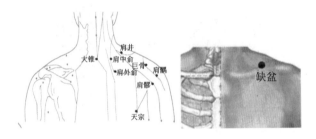

图 3.2　肩部、背部主要穴位

（二）肩部、背部主要穴位的作用（如表 3.2 所示）

表 3.2　肩部、背部主要穴位作用

穴位名称	位置描述	按摩作用
肩井穴	位于大椎穴与肩峰连线中间	主治肩背部疼痛
大椎穴	位于第七颈椎与第一胸椎棘突之间	主治肩背部疼痛、发热、中暑、咳嗽等症
肩中俞穴	位于人体的背部，第七颈椎棘突下，旁开两寸	主治咳嗽、气喘、肩背疼痛、目视不明
肩外俞穴	位于背部第一胸椎和第二胸椎突起中间向左右各四指处	主治肩膀僵硬、耳鸣
巨骨穴	位于肩上部，当锁骨肩峰端与肩胛冈之间凹陷处	主治肩臂挛痛不遂、瘰疬、瘿气

续表

穴位名称	位置描述	按摩作用
肩髎穴	位于人体的肩部，肩髃穴后方，当臂外展时，于肩峰后下方呈现凹陷处	主治臂痛，肩重不能举
肩髃穴	位于肩峰端下缘，当臂峰与肱骨大结节之间，三角肌上部中央	主治肩臂挛痛、上肢不遂等肩、上肢病症
天宗穴	位于肩胛骨下窝中央凹陷处，约肩胛骨冈下缘与肩胛下角之间的上 1/3 折点处	主治肩胛疼痛、肩背部损伤等局部病症
缺盆穴	位于人体的锁骨上窝中央，距前正中线 4 寸	主治咳嗽、气喘、咽喉肿痛

五、肩部、背部按摩的程序及方法

1. 双手从后发际处开始向下拿捏颈部数次

2. 手拇指从后发际线出开始向下揉至脖根处，来回反复数次

3. 双手拿捏肩部肌肉
（1）躺式

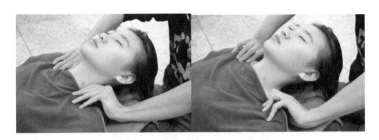

（2）坐式

4. 点、按肩上穴位：肩井穴、肩外穴、天宗穴、缺盆穴

（1）操作方法：用指端在所用穴位上垂直向下点、压、揉。

（2）操作要求：操作时应舒缓有力，动作要连贯、协调、有节奏，由轻渐重。

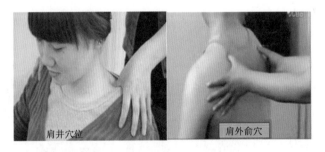

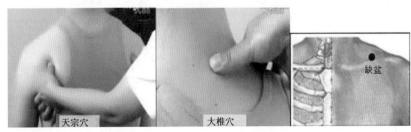

5. 双手合拢敲击肩部数次

（1）操作方法：双手掌心相对，用手指的指侧面及掌侧依靠腕关节摆动击打按摩

部位，力度均匀而有节奏。

（2）操作要求：不可重拍，要注意节奏，要用腕力而不是臂力。

6.抖动顾客的左右手臂数次

7.双手拍打顾客肩部及后颈部数次

（1）操作方法：双手掌心相对，用手指的指侧面及掌侧依靠腕关节摆动击打按摩部位，力度均匀而有节奏。

（2）操作要求：不可重拍，要注意节奏，要用腕力而不是臂力。

六、按摩的注意事项及易出现的问题

（一）按摩的注意事项

1.洗发过程中的头部按摩强调适当的节奏性和方向性，手法要由轻到重，先慢后快，由浅及深，以达到轻柔、持久、均匀、有力的手法要求。

2.洗发按摩以头部按摩为主，配以肩部、背部按摩，按摩后顾客应感到轻松舒适。

3.按摩时间长短、力度轻重，应先征求顾客意见，再进行操作。

4.对明显患有头部皮肤病以及患有严重心脏病的顾客禁忌按摩。

（二）按摩易出现的问题

1.程序性错误

头部按摩的时间选择在洗发过程中进行，会导致洗发香波在头发上停留时间过长，造成头发损伤。按摩的操作应在洗发后或刮脸后进行。

2.手法错误

（1）穴位的点、按位置不准确。

（2）手法过轻或过重。

（3）按摩动作太快或太慢。

（4）手法不规范。

（三）正确按摩的方法

1.事先询问顾客对按摩的承受能力，选择适当的手法和力度。

2.以准确的穴位点、按规范的手法动作进行头、颈、肩部的按摩。

第四章
修剪、吹风和造型

学习目标 📝

1. 让学生熟练使用所有工具，掌握发型的修剪、吹风造型技巧，并根据不同的脸型来设计出不同风格的发型。

2. 掌握运用水洗洗发流程及操作方法。

内容概述 📖

要想做一名优秀的发型设计师，首先必须要熟练使用不同的美发工具。本章节的内容将决定你是否成为一个优秀发型师，烫发、染发和发型设计都取决于你修剪的基本形式。本章节将提供有关发型修剪的科学步骤，将给学生提供一个创作高质量发型的坚实基础，并进一步激发出发型设计的创造力。本章节将提高学生的理解力，提高你最先进的设计理念，以达到提高的技艺的目的。

发型设计是一门实践性很强的技术，是一门综合学科，要想全面掌握修剪、吹风和造型，非一日之功。通过本章节的学习，使每位学生都具有一定的修剪、吹风、造型理念，同时又锻炼学生的基本功，让每位学生创造出既符合个人风格又与时尚前沿接轨的发型。

第一节 专业美发工具及正确的使用方法

专业美发工具是一名专业设计师必须具备的东西，正确地使用美发工具，让每一样工具在使用过程中都发挥最大的作用。本章节以理论与实践相结合为主，在学习的过程中，既要注重理论的学习，又要让理论和实操相结合，从而达到全方位掌握所有工具的使用。

一名优秀的设计师必须依赖专业美发工具才能展示其技术，在设计过程中，选用何种工具大有讲究。不同的工具在头发上产生的效率略有不同。本章节在美发工具的选择和使用上提供指导性建议，重点介绍专业工具及使用技巧。

一、专业工具的认知

1. 牙剪

2. 剪刀

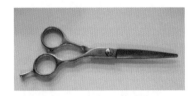

3. 削刀

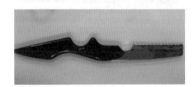

4. 尖尾梳

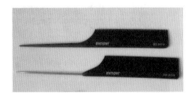

5. 五针梳

6. 两面梳

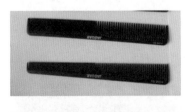

7. 剪发梳

8. 普通梳

9. 圆梳

10. 九排梳

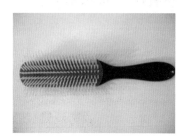

11. 排骨梳

12. 电推剪、电推剪卡齿

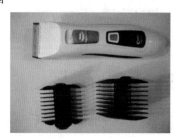

13. 大板梳

14. 夹子

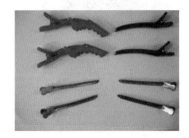

15. 喷壶

16. 吹风机

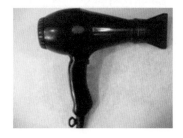

17. 电夹板
电夹板一般分为：

（1）造型夹板——造型（不可调温）。

（2）离子夹板——做离子烫时用。

按温度可分为：

120℃、140℃（受损头发用）、160℃、180℃。

18. 电卷棒

电卷棒用途广泛，现在流行的日韩式卷曲发型都可以用电卷棒来完成，同时电卷棒也可以用来配合做晚宴造型。

二、每种工具的正确使用方法

1. 剪刀

直剪刀剪出的头发边缘干净、平纯。变化剪刀的位置可在发束上产生微小的变化。

2. 牙剪

牙剪剪出的头发有长有短，十分明显，但长短的交替时有规律的。而且，密集的齿刀剪出去的头发比宽距齿刀剪出去的头发多得多。拿牙剪的方法和拿剪刀的方法一样。

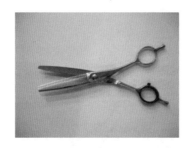

3. 八号牙剪

这种剪刀之所以被称为八号剪是因为每个宽距之间的宽度是 1/8。这种剪刀削去的头发量是最少的，所以指用于少量剪发时。

4. 十六号牙剪

顾名思义，十六号剪指的是梳齿之间的距离为 1/16。在需要剪去中等数量的头发时，最好用十六号牙剪。

5. 三十二号牙剪

三十二号牙剪指的是梳齿之间的距离为 1/32。在需要剪去大量的头发时，最好选用三十二号牙剪。

6. 牙剪作用

从下图的示范中可以看出使用的是十六号牙剪。牙剪要在一缕头发的中部。剪完后，头发的量减少了，还增加了动感。

7. 削刀

削刀处理过的头发发端一边大一边小，这样看上去线条柔和、模糊。通过控制入刀的位置可以决定削出的发端哪边大哪边小。

8. 梳子

操作前和操作过程中都需要用梳子来梳理头发以及控制头发。哪种梳子最符合你的设计目的取决于梳子之间的距离。一般而言，宽齿距的大梳子用来控制大量的头发，而细齿小梳子则用来处理较短的或小量的头发。

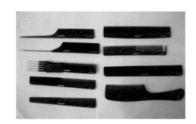

9. 剪刀由几部分组成？

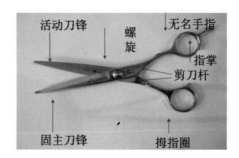

10. 怎样拿剪和握剪？

把无名指伸入剪刀柄上的指圈，控制住静止刀锋，把大拇指的前端伸进拇指圈里，控制住活动刀锋，把食指和中指放在剪刀上面以增强控制力。如果剪刀带有指挡，则是留给小拇指用的。

在操作中，拿剪刀的手同时还要拿一把梳子，这是很重要的，为了不伤到顾客，

此时应把大拇指抽出来，将剪刀握在掌中。而梳子则放在拇指和食指中间。一旦梳理完头发，立即把梳子交给左手。拿梳子的手法有两种：1. 梳子与拇指平行。2. 梳子与拇指垂直。

11. 梳子

梳子种类很多，有梳理长发用的大梳子，有分区用的尖尾梳，有两头分粗细的两面梳，有很薄的两面梳。男式推剪脑后部倒坡色调时要用很薄的两面梳，女式剪短发时选用剪发梳或两面梳。剪长发时要选用稍大些的两面梳，根据不同部位或头发长短、多少，选用不同的梳子，操作时交替使用，会取得较好的效果。

12. 电推

电推剪的使用方法：用右手食指和拇指执着电推剪前身，其余三指和手掌握住电推剪后半身，以稳住刀身，在左手梳子配合下进行推发。使用方法有满推、半推和角推之分。

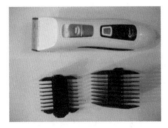

13. 电吹风

电吹风的使用方法：正确掌握吹风机送风角度，一般热风不能对着头皮直接吹送，将吹风机斜侧着，送风口与头皮前后平行，使热风大部分都吹在头皮上。送风口与头皮之间应保持适当交流，吹风机与头皮距离过远，热量散发，就不能使头发成型，距离太近，热量又过于集中，即使角度掌握正确，头皮也难以忍受。要正确控制吹风时间。

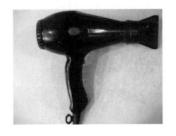

一般需要大面积梳刷时，采用小板刷、九排梳；需要疏松或小面积梳理时，使用排骨梳；需要调整弹性和卷曲弧度时，可用圆（滚）刷。

第二节　发型设计的设计原则

发型设计的设计原则指的是一些框架，设计师在这些框架内容安排：头发的长度、纹理结构等。只有掌握了发型设计的设计原则，才能加深学生的理解力，使学生具有更多的创造力，并可根据顾客的要求加以调整或创作更适合顾客的发型。

一、发型的设计原则

设计原则指的是一些框架。发型设计师在这些框架内安排头发的长度，纹理结构和颜色。掌握这些原则能加深你的理解力。并且可根据顾客的要求加以调整或创新。

二、每一种设计原则的定义

1. 重复
头发除了各自的位置不同，其他各方面因素都完全一致。这种就是重复原则。

2. 交替
当两种以上的要素从一定顺序进行重复时就是交替原则。

3. 递进

各种因素基本相似，但在有比例地变化。这种有比例地增加或减短头发长度至末端的做法即是递进原则。

4. 对比

这是对立部分之间的一种理想关系，对比使变化多样性，使发型更富于吸引力。

5. 不连接

头发各部分之间的长短差异达到最大，形成参差不齐的效果，这就是不连接原则。

6. 平衡

从审美意义上来讲，平衡是各部分之间的完美结合。它包括对称平衡和不对称平衡。

7. 对称平衡

对称指的是大小和形状一致。在中分线的两侧，头发完全对等，位置一致。

8. 不对称平衡

不对称指的是分开两侧的头发不等量。虽然轴线不在郑重，但两侧头发相似的造型也可以获得一种平衡感，这种平衡感是一种不对称的平衡。

第三节　发型设计的依据

　　针对顾客的面部特征、体型、身高、体重以及头发的生理因素，来制作出适合顾客的发型。在设计过程有效发挥客人的长处，同时避免客人的短处。不同的面部特征造就了各色各样的人，在发型设计中要充分考虑体型、脸型、头发的生理因素，只有熟练地掌握平衡和比例方能创作出适合不同人的发型。

一、发型设计时应考虑的身体因素

1. 体型

　　在考虑发型的同时，还应观察一下顾客的体型和体骼。根据顾客的身高、体重以及身体某部位是否超宽等情况来决定头发的总量。这样才能产生让人满意的总体比例。从标准体型来看，女性人体比男性人体更富于曲线，不仅如此，女性的面部特征也是这样。

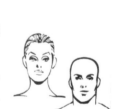

　　矮小的体型如果留过长的头发，会使人产生不堪负重的感觉，而身体修长的人留长发则会增添不少魅力，不过有些身材高的人脸形较短，因此也不应留过长的头发。

2. 脸形

　　既然发型是为顾客设计的，那么你就必须仔细观察顾客的面部特征，这样会使你做到心中有数，头发的长度或发量分配的问题。

　　脸形包括脸部的长和宽，以及脸部的曲线和直线特征，理想的脸形是椭圆形的，而实际上，人得脸形是各种各样的，右图呈现出了需要着重强调的部分和需要淡化的部分，通过这种处理创作出理想的椭圆形象。实际中，你还要考虑顾客对个人风格的理解和当前流行的样式。

二、各种脸型在发型设计时要强调什么

1. 圆脸

　　在头顶或边缘增加头发的高度，对于大多数的圆形脸来说都是有益的，采用不对称设计可以使脸看上去不那么圆，若颈部头发长度合适会使下颌看上去更美。

2. 长方形脸

在设计中突出强调脸的宽度，特别是中部的宽度可以改变长方脸形的视觉效果，若是采用窄而上扬的头顶造型，无须再增加头发的高度就已经足够了。

3. 方形脸

柔软弯曲的造型使方形脸的造型不那么分明，而增加高度可以使整个脸形变得长一些。

4. 角形或梨形脸

特征是额头窄下颌宽，为了视觉上的平衡，可以在额头以上增加头发的宽度，到下颌部分则减小宽度。

5. 凸侧脸

这种脸形的特征是小额头大鼻子，增加前额的头发能使该脸形看上去直一些。

6. 凹侧脸

这种脸形有一个凸出的外伸下巴，造型时采用柔和的边缘并上扬可减弱这一缺陷，全额的头发不能多，否则会弄巧成拙。

　　顾客来做发型之前的发式可能掩盖了其头型，所以要用手去感觉顾客头部的曲线，搞清其头型以及哪些部分需要平衡或增添，在右图中，增加了后脑枕部的头发以修饰扁平的后脑。

　　但是要理解随着人年龄的增长，人的体貌结构也会发生变化，理解这一点是重要的。变化包括面部的骨骼，以童年、少年、青年、成年到老年的变化是成比例的，在不同的生命阶段，脸部的棱角、圆润度随之改变，认识到这一点能使你根据顾客的年龄来设计头发向上和向后的造型。往往适合于成熟的顾客。

　　设计发型时还必须把耳朵考虑进来，通常大耳朵和招风耳是最麻烦的，如果覆盖耳朵不是一个合适的方法，你的设计就要在耳朵上方增加厚度和宽度以获得平衡。如果顾客是戴眼镜的，你要观察一下眼镜的形状和大小以及眼镜相对于脸部的比例，以此来调整设计。

三、发型设计时头发生理因素的影响

　　生理因素：在发型修剪中，一些生理学上的因素也必须考虑在内，这些因素是：生长结构、头发密度和发际线。同时你还要了解一缕缕头发的形状——是圆的、椭圆的，还是扁的，因为这些因素决定了是直的、弯的还是卷曲的。

　　检查顾客的头发是为了搞清某种发质是否适合你的设计，这有助于你根据顾客的发质调整设计，或许你会发现你不得不重新考虑你的设计。

　　无论顾客是男性还是女性，你都要自己观察其发际线，除了观察线条的走向外，还要注意头发稀疏的部位，头发生长方向的变化。通常男性的耳部的发际线和颈部的发际线比女性的低。如果后发际线在完成后还看得见那么你就要有选择的修饰头发的底线。让男性更具男性特征，让女性更加具女性化。方形或直的底线最具男性效果，而圆曲线更具温柔的女性特征。

头发的密度：头发密度指的是每一缕头发的数量或每平方单位内毛囊的数量，掌握顾客头部不同区域头发的密度，有助于你掌握头发的量及负重点和膨胀的程度。在很多情况下，电烫能产生希望的造型，密度小的头发需要一种方式能最大限度表现头发总量的设计，而密度大的头发则需要通过分层次的处理，减少厚密感。

第四节　纹理化处理技巧

纹理化处理可采用不同的工具，效果取决于工具和操作工具的手法。常见的工具有剪刀、牙剪和削刀。修剪纹理化处理有三个重要类型：形线剪削、膨胀剪削、轮廓剪削。

纹理化主要针对较短的头发，目的是适应不同的顾客创造特殊的效果。各种修剪技术产生的视觉效果也是各种各样的。有体积的增加和减少、动感、支撑有力等。

一、掌握常见的修剪技巧

1. 夹剪

夹剪是女式修剪中用途最广且普遍采用的修剪方法之一，通过分区、分片，剪出轮廓、层次、形线来。其方法是将右手无名指套在剪刀静片上的静环内，剪刀在不用时，无名指套在环中不要动，将剪刀尖向后，小指和无名指夹住或勾住刀身，并用拇指和食指拿梳子，从分出来的发区中再分出一片发来，以左手食指和中指夹住（发片长度不宜超过手指长度，厚度不要超过手指直径），然后右手小指将头发剪下，拇指伸进动环进行修剪操作，将左手食指和拇指夹住的头发发尾剪去多余部分，使发型轮廓完美。

2. 刻痕式剪发

这样方法剪出头发长短不一，通常用在较硬的头发上，修剪出形线和轮廓线。在弯曲和卷曲的头发上，这是一种理想的处理方法，因为它减轻了重量感，增加了造型的生动性。

3. 尖点法

用剪刀或削刀的尖部把头发的末梢削减成不规则的矛尖状,手形和下到的次数决定着发尖的数量。

4. 滑剪法

此方法要求把剪刀张开,沿头发的表层滑动,纹理的大小由剪刀开口大小决定。

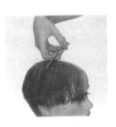

二、掌握削刀修剪的技巧

1. 外弧削技巧

用这种方法斜削头发的表层,使头发的末端稍稍翘起,削发的长度和用力的大小取决于你打算让头发上翘的程度。

2. 内弧削技巧

为取得理想的内弯效果，削刀要放在头发里面，并呈弧形运动削刀。同样，用力的大小和刮削的长度不一样，那么，发梢的毛发数量也就不一样。

3. 旋转削刀法

此法要求在修剪头发时转动手中的削刀和梳子，削减其厚度。经处理头发更服帖，融合得更好。

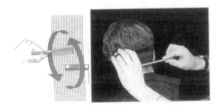

三、纹理的修剪

纹理化主要针对较短的头发，目的是适应不同的顾客，创造特殊的效果。各种修剪技术产生的视觉效果也是各种各样的，有体积的增加或减少、动感、支撑有力，等等。通常，就一束头发而言，有三个地方需要进行纹理化。

常用的工具有剪刀、牙剪和削刀。记住：纹理修剪大致可以分成三个主要类型。

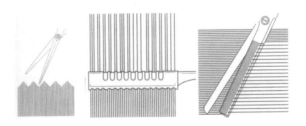

1. 形线修剪

沿形线修剪发梢，减少头发的体积，增加动感，同时可以使头发更好的交融，线条柔和。这种技术又叫"发尾修剪"。

2. 膨胀剪削

此方法一般应用在头发的中段或接近根部的地方，其效果是使头发膨胀，增加体积。它还可以减轻头的重量，使头发提离头部，具体讲是短头发支撑起了长头发。

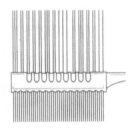

3. 轮廓削剪

此法一般用在头发的中段和末梢，减少发量，让头发贴近头皮。

第五节　发型修剪的步骤

修剪的七种主要步骤：头部位置、分区分份、分配、提升角度、手指位置、设计线以及每个步骤的各种不同的方式。修剪的七种主要步骤是修剪每款发型的必须要走的程序。每一种步骤当中所包含的方式，在运用过程中都会起到不同的效果，只有掌握正确的方式才会达到最好的效果。

一、头部位置

修剪时顾客的头部位置会大大影响最后效果。最常用的头位有端正笔直，前倾和侧倾。头位端正笔直修剪时，就会产生最自然、最纯正的线条。

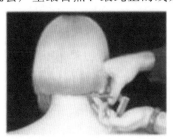

头位前倾修剪时，颈部被拉伸。当头位恢复端正时，就会产生轻微的内斜（发尾向下弯）效果。这种内斜效果的产生是因为后颈的头发现在比表面头发短而形成的。

为了修饰周界发线，头部通常要倾斜，以便于修剪。

二、分区

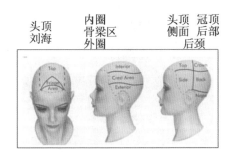

每一个成功的修剪都从分区开始。分区指的是将头部划分为几个便于操作和控制的区域。最常用的分区方式是将头发分为四个分区：前部发线到后颈，耳对耳。分区的数量和方式取决于你想要的修剪类型。

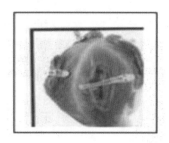

下面是几种最为常见的分区方式。

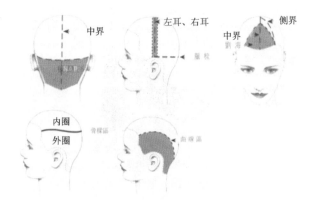

三、分份

分份指的是将分区内头发再次划分的线条，作用是在修剪时分离、分配和控制头发。一般来说，分份平行于设计线，设计线是在修剪时使用的指引线。最常用的分份线条有水平的、垂直的、斜向后的、斜向前的、凹线和凸线。为了获得最容易、最有效和最精确的分份，头发的梳理方向要与分份的方向相同。

1. 水平分份

2. 斜向后分份

3. 斜向前分份

4. 垂直线分份

四、分配

分配的四种方式有：自然分配、垂直分配、偏移分配、定向分配。

（一）自然分配

指的是头发由于地球引力而从头部自然落下的方向。自然分配在修剪水平线条、斜向线条、凹线和凸线时使用，并且主要用于修剪固体形。

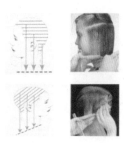

（二）垂直分配

垂直分配中，头发被梳理后与它的分份线构成 90 度角。这种分配方式可用于任何线条的修剪中，主要用于修剪边沿层次形和其他有层次的形。记住垂直线条交叉时就形成了 90 度角。

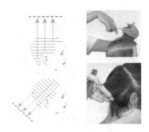

（三）偏移分配

除了自然分配和垂直分配，以其他任何方向梳理头发就称为偏移分配。偏移分配可用于修剪大多数形，除了固体形。一般用来产生夸张的长度渐增及两个不同区域的连接。

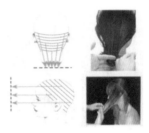

（四）定向分配

定向分配指的是将头发从头部向上垂直分配，或向外水平分配。定向分配可根据头部的弧度而产生长度上的渐增。

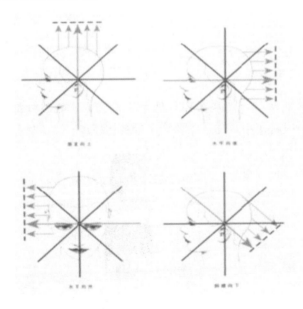

五、提升

提升或提起，指的是在修剪之前，头发相对于头部弧度而形成的角度。修剪中最常用的角度有 0°、45°和 90°。0°与 30°之间的角被称为低度提升，30°与 60°之间的角被称为中度提升，60°与 90°之间的角被称为高度提升。

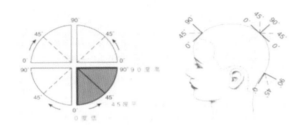

自然下垂是头发由于地球引力而形成的自然状态。使用 0°提升修剪时，头发与头部表面相平。头发被提起的角度在 0°和 90°之间，就是 45°提升。如果头发从头部曲线向外拉直，就是 90°提升。

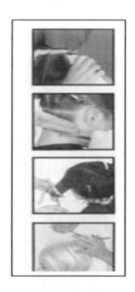

六、手指位置

指位和剪位指的是手指和剪刀相对于分份的位置。指位和剪位的两个基本类型有平行和不平行。

在平行的指位和剪位中，手指与分份线之间的距离都是均等的。这种方式使选择的线条得到最纯正的反映。

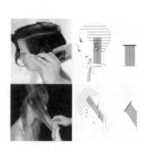

在不平行的指位和剪位中，手指与分份线之间的距离都是不均等的。这种技术通常用于连接对比的长度，并产生夸张的长度渐增。

七、设计线

设计线指的是在修剪时所使用的艺术指引线。任何线条，比如水平线条、垂直线条或斜向线条，都可用来产生设计线。设计线有两种，即固定设计线和活动设计线。

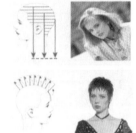

固定设计线是一条稳定的指引线，所有长度都要引至此处。这种设计线通常用来修剪固体形和渐增层次形，及在边沿层次形中产生一个重量区（长度的集中）。

活动设计线是一条移动的指引线，由许多已修剪过的长度组成，每一个修剪过的长度都被用来当作修剪下一个分份的长度指引。活动设计线用来修剪边沿层次形和方形。

第六节　零度层次修剪及吹风造型

零度层次在修剪中可有多少种不同的分区、分份和设计线。同时要掌握零度层次形的拥有的形状，为了做出正确的设计方案，必须熟悉零度层次形的特点，了解应用的技巧来设计发型。

零度层次形式修剪造型基础课程，是修剪的第一步，同是零度层次形可沿水平线、倾斜线或曲线等在不同位置上进行修剪。修建时，拉力、梳子的控制等都是决定发型成败的关键。吹风造型、圆梳和电吹风的配合同样重要。

一、水平线零度层次修剪及吹风造型

（一）知识点概述

1. 按图所示学习修剪水平线零度层次发型和吹风造型。

2. 在整个头形上要划出水平分份线。

3. 整个头部的头发全部自然下垂，同时保持所剪形线是水平线。

4. 吹风时要吹出饱满度和向内弯曲。

（二）结构图展示

此款发型的结构图，显示了从周界较短的头发延续到头顶时变长的头发，下垂时要在同一水平线上。

设计时所有的水平分份是平行的，宽度是一致的。

光滑的表面将产生传统、简洁的视觉效果。设计中可以从中间或者两侧开始。水平线将产生周界重量，在这款发型内将产生和谐、平衡组合的设计元素。

（三）跟我学操作

清洗过的头模。

修剪时采用端正的头部位置，把头发分成左、右、前、后四个区。

用梳子在后颈上进行第一个水平分份，把头发梳成自然下垂开始修剪。

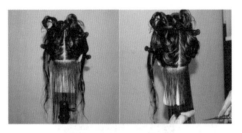

让头发保持自然下垂，左手指与分份线平行，右手持剪刀与左手平衡。可以从中间剪向两侧，也可以从一侧剪向另外一侧。

用同样的分份，让头发自然下垂，没有提升角度，完成后部的操作。同时梳理头发时不要用力过大，否则会产生纹理。

在头顶区域保持自然下垂，沿着头部曲线不提升，不要用力，进行平行修剪。

修剪侧面时，沿发际线周围把头发分配成弯曲，这样靠面部的头发会增加一点长度。

这是最后的一点头发，操作时尽量不要用力，保持与其他分份线的平行。

用同样的方法修剪另一侧。

从颈部开始，先分出一水平分份的头发，把圆梳和分份线平行，让热风从上往下吹头发。先吹头发根部，接着吹中段，最后吹发梢。吹风时把根部和发梢稍微提升以获得饱满度和内卷的效果。

运用同样技巧操作，要注意手形位置给头发的必要的压力。

转到侧面操作，水平分份，用力适度，沿着发梢使用刷子使头发向内弯曲。系统的吹风技术会使你无论剪什么形最后效果都非常完美。

（四）完成后的效果图

图一

图二

图三

二、倾前线零度层次修剪及吹风造型

（一）知识点概述

1. 学习修剪向前倾斜零度层次发型和吹风造型。

2. 说明在头部的两侧怎样划分统一的向前倾斜线。

3. 修剪过程中要保持头发的自然下垂和建立对称的平衡。

各项要素综合在一起创造了和谐与对称的平衡。该款发型长度在肩膀之上为最佳效果。（如下图所示）

（二）结构图展示

结构图显示发际线头发较短，头顶头发较长，下垂时在同一轮廓线上。

左右采用一致的前倾分份，最佳的以45度为佳，也可以根据客人需要采取其他倾斜度。

（三）跟我学操作

设计前的湿发头模，要让头部位置保持端正，并把头发左右分区。

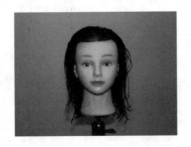

先从后颈部进行前倾分份，让头发自然下垂。

剪刀位置平行于基本分份线。

用同样的方法修剪另一侧，要注意保持两侧头发等长。

在耳朵上方把分份线一直延伸到前发际线。

从中部开始向前发际线修剪，保持头发自然下垂，避免用力和移动。

继续修剪，修剪时要保持头发的自然下垂，不要用力。

要注意检查后颈的轮廓线。

整个发型剪完，从后颈部分分一前倾发区，用圆梳从发根向发中和发梢开始吹风。

在吹发尾的时候，要用圆梳稍微转动，使之形成内卷。

往内吹风时，要把头发根部吹蓬松一点，发梢继续保持内卷。

运用同样的方法来完成整个吹风。

（四）完成后的效果图

图一

图二

图三

完成后的发型，体现出轮廓饱满，发梢内卷，表面光滑的效果。

三、倾后线零度层次修剪及吹风造型

（一）知识点概述

1. 学习修剪倾后的零度层次发型和吹风造型。
2. 说明在头部的两侧怎样划分统一的倾后线。

3. 修剪过程中要保持头发的自然下垂和建立对称的平衡。

这是修剪好的倾后零度层次发型，头发逐渐由前向后加长，表面平滑，周界发重。

（二）结构图展示

倾后分线图，倾斜角度可根据头发的长度要求来定。

所有头发都集中在一条倾后的固定设计线上修剪。

（三）跟我学操作

设计前的湿发头模。

将头模的头发进行左右分区。

在后颈部进行倾后分份，也可以从两侧开始分份，进行修剪。

让头部保持端正，把头发梳成自然下垂，手指位置平行于分份线和剪刀要与手指

位置平行进行修剪。

用同样的方法修剪另一侧。

以前面修剪的长度为指引，把所有头发都拉到这跟固定设计线上来修剪。

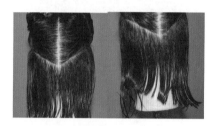

修剪到两侧时，则要把分份向前延伸到到前发际线。

采用同样的方法把所有头发都自然下垂，耳部时要注意不要用力拉扯来进行修剪，要注意两侧的对称性。

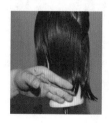

（四）效果图

剪完后湿发效果图

从颈部开始，先分出一水平分份的头发，使圆梳和分份线平行，让热风从上往下吹头发。先吹头发根部，接着吹中段，最后吹发梢。吹风时把根部和发梢稍微提升以获得饱满度和内卷的效果。

展示效果图

完成后的效果图，表面纹理光滑、轮廓饱满。

四、组合的零度层次修剪

（一）知识点概述

1. 学习水平线和倾后线分份组合而成的零度层次发型的修剪和吹风造型。

2. 在水平线和倾后线分份上头发保持自然下垂和没有提升角度。

（二）结构图展示

显示水平线和倾后线分份的结合。

（三）跟我学操作。

设计前的湿发头模。

将头模的头发进行左右分区。

在后颈部进行倾后分份，也可以从两侧开始分份，进行修剪。

让头部保持端正，把头发梳成自然下垂，手指位置平行于分份线和剪刀要与手指位置平行进行修剪。

用同样的方法修剪另一侧。

以前面修剪的长度为指引，把所有头发都拉到这跟固定设计线上来修剪。

修剪到两侧时，则要把分份向前延伸到到前发际线。

采用同样的方法把所有头发都自然下垂，耳部时要注意不要用力拉扯来进行修剪，要注意两侧的对称性。

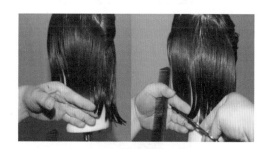

（四）效果图

从耳顶点分出前后两区，使前区保持倾后分份修剪出的零度层次，用梳子在后颈上进行第一个水平分份，把头发梳成自然下垂。

让头发保持自然下垂，左手指与分份线平行，右手持剪刀与左手平衡，进行修剪，要注意和两侧长度的融合。

使用相同的方法来进行往上分份的修剪，修剪过程中始终保持头发自然下垂，没有提升角度，把所有头发都拉到第一发片上来修剪。

剪完后湿发效果图

分区进行吹风，用圆梳先把发根吹蓬松，然后再吹发中，最后吹发梢。吹发梢时把圆梳转动一下，发梢就会产生内圈。

运用相同的吹风技巧来完成整个发型的吹风。

展示效果图

图一

图二

完成后的效果图，轮廓饱满，倾后和水平线分份融合入完美。

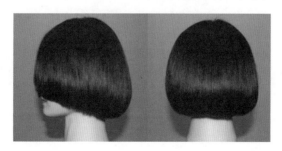

第七节　低、中、高层次修剪及吹风造型

　　低、中、高层次修剪所采用的分区、分份、提升角度和设计线都是不同的。要想把这些层次的发型剪好，就必须先了解这些层次所拥有的形状、轮廓、纹理结构等，同事还有多种的修剪技巧的正确运用。修剪时要注意手指、剪刀和手的位置的协调性。

　　低、中、高层次修剪过程中要注意转换层次技巧运用，滑剪技巧可用来独立完成一款发式，也可用来连接两个不用的区域，同时要注意不同的提升角度的产生的膨胀度是不一样的。吹风过程，低、中、高层次可以吹成直的，亦可吹成卷曲的或羽毛状的。

一、低层次修剪及吹风造型

（一）知识点概述

　　1. 运用倾前分份垂直拉发片来修剪倾前的低层次发型。

　　2. 掌握倾前分份，垂直拉发片，不提升头发角度。

　　在本次练习中，你要修剪一款斜向前的低层次发型。因采用垂直拉发片和不提升头发角度。故此款发型纹理是很小的。

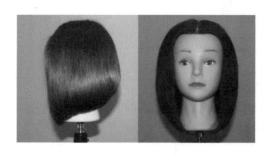

（二）跟我学操作

设计前的湿发头模。

倾前45度分份，斜线的角度可以根据顾客的头发和效果来调整。记住斜线的角度越大，造型越富于变化，因为离自然下垂状态越远。

显示是倾前分份，垂直拉发片。

先将头模的头发进行左右分区。

从后颈部取45度做倾前分份，保持头部位置端正。梳拉发片时，要让发片和分份成垂直状态，不要提拉。剪刀与分份线平行，正常情况下，一个发片要分两次修剪。

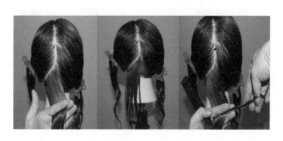

美发 基础

运用上述同样方法依次向上操作。

在侧面时继续采用倾前分份，保持发片和分份线垂直。

运用相同的技巧来完成右侧发区的修剪。

从后颈处分一发片，用圆梳从根部吹向发梢。

用圆梳吹发片时要注意第一层发片根部不用吹蓬松，但发梢要保持内圈。

运用相同的吹风技巧来吹风。

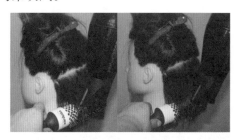

吹至顶部时，要注意根部要吹蓬松，发梢要和前几层发梢保持融合。

运用相同的技巧来完成整个吹风造型。

吹风造型

（三）展示效果图

完成后的效果图，轮廓饱满，只有后颈部有一点纹理，整个发型非常光滑。

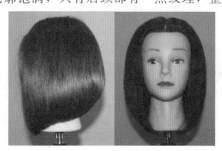

二、中层次修剪及吹风造型

（一）知识点概述

1. 在斜向前分份上操作垂直分配法和中等角度提升。
2. 在水平分份上运用低角度提升连接侧面和后面。
3. 滑剪技术创造脸部周围头发柔和的效果。
4. 中层次发型吹风技巧。

（二）跟我学操作

洗护后的湿发。

左右分区。

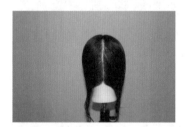

耳下水平分区。

从当中取一发片垂直头皮拉出，中度提升做不平行修剪。

以当中的发片作为设计线，采用活动设计线，同样的修剪方法来完成第二片修剪。

用同样的方法从中间剪向左侧，右侧区域用同样的修剪方法。

采用十字检查法，检查头发是否有长短不同，如有长短不同则修剪掉。

从额角水平分出一个马蹄形区域并固定。

从头部当中取一发片垂直头皮拉出，以下面区域顶部的长度为指引，同样的角度做不平行修剪。

以当中的发片作为设计线，采用活动设计线中度提升，不平行修剪来完成整个左侧耳后区域修剪。

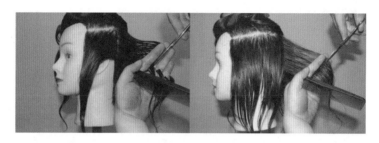

左耳朵前垂直采一发份中度提升，以耳后头发长度为指引，把发片拉至耳后做修剪。

以耳前的头发长度为指引并保持发片垂直头皮，把前后的发片拉至这个发片来修剪，以缔造两侧发片稍微倾斜的长度，以同样的方法完成整个右侧区域修剪。

马蹄形修剪，从头部中间取一发片垂直分份，以当中区域长度为指引做不平行修剪。

以当中头发作为设计线，采用活动设计线中度提升，来完成整个左侧后耳区域修剪。

以修剪脸部两侧头发的方法来完成耳部修剪，以同样的方法完成整个右侧区域修剪。

修剪完成的湿发发型。

从耳部分一发片，用圆梳配合电吹风来做吹风造型，注意发际线处的头发不能吹太蓬松，把头发拉成弧形。

在耳朵上方分出一区域做吹风造型，注意根部要吹蓬松，发片要吹光滑。

放下全部头发做吹风造型，根部要吹蓬松，发型轮廓要圆润，两侧吹至发尾时要用圆梳转几圈以产生内弧形。

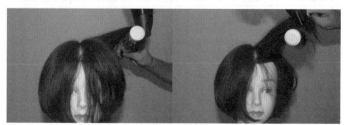

（三）完成后的效果图

三、高层次修剪及吹风造型

（一）高层次修剪及吹风造型——短发

1. 知识点概述

（1）在垂直分片上运用不平行修剪

（2）刘海及形线上刻痕技巧的运用

（3）短发高层次发型吹风

2. 跟我学操作

洗护后的湿发。

分区图，一共分成左右前后的刘海分区，并且在两耳间划一水平线。

从中取一垂直发片，采用垂直分配法，不平行修剪出一活动设计线。

再向右侧垂直取一发片，采用垂直分配法，以活动设计线的长度为指引来修剪。

以相同的技巧来完成在侧区域修剪。

右侧采用左侧修剪技巧来完成修剪。

整个区域的完成图。

从冠顶区划一个水平线，并放下头发。

从当中垂直取一发片，以下部区域最上面的头发为指引，采用垂直分配法、不平行修剪，修剪出一活动设计线。

再向左侧垂直取一发片，采用垂直分配法，以活动设计线的长度为指引来修剪。

以相同的技巧来完成左侧区域修剪。

右侧采用左侧修剪技巧来完成修剪。

放下冠顶区的头发，从当中垂直取一发片，采用垂直分配法，垂直地面修剪，修剪出一活动设计线。

采用垂直放射分份，向左侧取一发片，以活动设计线的长度为指引，采用垂直分配法，垂直地面修剪。

以相同的技巧来完成左侧区域修剪。

右侧采用左侧修剪技巧来完成修剪。

采用倾后分份，注意分份线的角度可能有所变化，在耳朵前方放出一倾后分份，用垂直分配法和一指位提升，然后平行修剪出活动设计线。

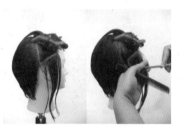

随后的分份线要延从中到头后部，利用垂直分配的中等提升把侧面和后面的头发连接起来，直到这个侧面的顶部。

在另一侧采用相同的技巧。

用两面梳压住头发，把两侧鬓角处的头发采用刻痕式技巧修剪整齐。

在刘海部位采用水平分份，垂直分配，用两面梳压住头发修剪出固定设计线。

再划出一分份发片，采用垂直分配、一指位提升、固定设计线来修剪。

整个刘海部分都用同样的技巧修剪。

梳理头发的方向和提升角度与头部曲线保持一致。

3. 纹理化处理

颈部处理，用牙剪打薄。

上部处理是用两面梳把头发托起，再用牙剪来打薄发片，以达到柔和的效果。

4. 吹风造型

从两额角划一水平线。

吹颈部时用圆梳压头发表面吹理，以达到颈部的头发紧贴脖子的效果。

把上面的头发根部吹蓬松，发尾吹光吹顺。

从冠顶区再分出一层头发。

吹风时，圆梳要把头发根部顶起，发尾要吹光吹顺。

刘海部分要采用提升吹理。

吹理冠顶部分一定要把根部吹蓬松，冠顶部位提拉角度要大，刘海部分提拉角度要小。

5. 完成后的效果图

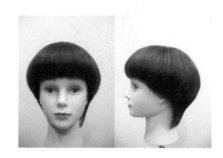

（二）高层次修剪及吹风造型——长发

1. 不平行修剪法

（1）知识点概述

①在垂直和放射分份上，用不平行修剪法，修剪出高层次的发型。

②使用不平行修剪来缔造和保留头发的长度。

③掌握在垂直和放射分份上使用转换层次技巧。

许多顾客都想要保持尽可能长的头发。在垂直分份上使用不平行手指位修剪就能够做到这一点。脸周围造型丰富到后部逐渐减少。

（2）显示结构图

结构图中显示头顶的头发较短，逐渐向周界延伸。绝大部分用垂直分份，仅在冠顶区使用放射分份。

（3）跟我学操作

设计前的湿发头模。

将头发进行左右分区。

为保留最大限度的长度，用一束颈部头发作比较，来决定上面那片头发的长度。头部位置保持端正。

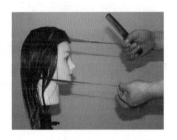

分出第一发片，以第一束头发长度为指引，发片平行于地面拉出。手指位置与分份线保持不平行状态，修剪出第一片发片，要记住不平行手指位越大，保留的头发长度越长。

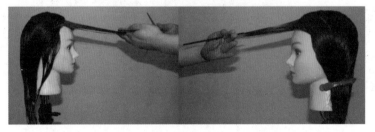

使用相同的修剪技巧，以第一发片长度为指引，发片平行地面拉出，不平行修剪，一直修剪到耳后区域。

开始采用放射线分份，并且开始使用转换层次技巧，不平行修剪。

向后部中央操作时，沿头部曲线把头发梳拉到固定设计线的位置，使用不平行修剪。

取一束右区的头发长度为指引，以同样的方法来完成右区的修剪。

在后颈区分一发片，用圆梳从根部开始向发梢吹拉，第一发片根部不用吹太蓬，发梢吹成内扣。运用同样方法一层一层往上吹。

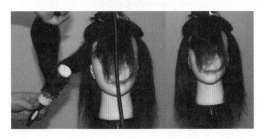

吹到左侧时，圆梳可适度倾斜，让发尾产生更强的内扣效果。

吹到右侧时，圆梳和吹风机要换手，运用相同的吹风技巧来完成整款发型。

（4）完成的效果图

图一

完成后的效果是：头发长度由头顶向周界逐渐延伸，脸两侧的头发呈羽毛状内扣，整个发型有混合纹理。本次练习采用的是中分界，但也可以采用侧分界。

图二

2. 平行修剪法

（1）知识点概述

①在垂直和放射分份上采取平行修剪法，修剪出高层次的发型。

②掌握在垂直分份和放射分份上，使用转换层次技巧。

③在修剪本款发型中，使用垂直和放射分份以及平行手指位置技巧。

（2）展示结构图

绝大部分采用垂直分份，仅在冠顶区使用放射分份。

（3）跟我学操作

设计前的湿发头模。

将头模进行左右分区。

为保留最大限度的长度，用一束颈部头发作比较来决定上面那片头发的长度，同时头部位置保持端正。

垂直分出第一束发片，以第一束头发长度为指引，将发片平行地面拉出。

使用相同的修剪技巧，以第一发片长度为指引，发片平行地面拉出，平行修剪，一直修剪到耳部区域。

开始采取放射分份，并且开始使用转换层次技巧，进行平行修剪。

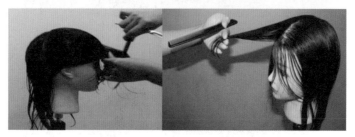

向后部中央操作时，沿头部曲线把头发梳拉到固定设计线的位置，使用平行修剪。

取一束左区的头发长度为指引，以同样的方法来完成右区的修剪。

（4）效果图

①剪好的湿发效果图

用圆梳把顶部周围发根吹蓬松，发尾吹成微卷。

发根吹蓬松，发尾吹成微卷。

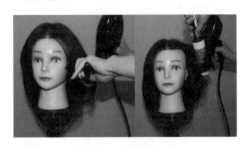

②展示效果图

完成后的效果是：头发长度由头顶向周界逐渐延伸，脸部纹理比较柔和。本次练习采用的是中分界，也可以采用侧分界。

（三）适合头发偏少的人群的发式

1. 知识点概述

（1）在水平分份上使用转换层次技巧和固定设计线。

（2）吹风造型技巧。

2. 跟我学操作

洗护后湿发图。

左右分区。

从头顶当中取一小束头发，从颈部去一小束头发，全部向上提拉，以确定保持最长的头发长度和顶部头发的长短，并把顶部发束剪好。

保持头部位置端正，在顶部做水平分线，把头发全部向上提拉，以一小束头发长度为指引，并修剪出水平线。

向后延伸分出第二发片，以前一发片长度为指引修剪后面一发片，剪出的这条水平线就是固定设计线。

继续使用水平分份，把头发都提升到固定设计线位置来进行修剪

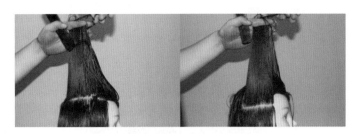

　　修剪两侧及后颈部时，继续把头发提升到固定设计线的位置来修剪，以完成整个右半边区域的修剪。

　　以右区域修剪的头发长度为指引，保持水平分份，并保持垂直分配，所有头发都找到固定设计线来修剪以完成整个发型的修剪。

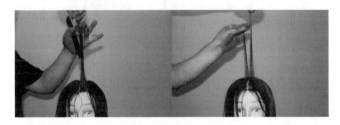

　　在脸部两侧做滑剪处理。

　　在顶部区域略做纹理处理。

　　以两耳平行分出第一区域进行吹风，要注意圆梳和吹风机的配合，要把头发吹光

吹顺，并把发尾吹成内弧形。

以两额角分出第二区域进行吹风，要把根部吹蓬松，脸部两侧吹成轻微向内弯曲。

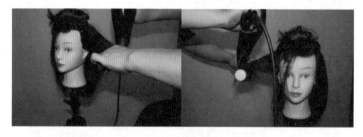

顶部区域吹风要注意把顶部吹饱满，圆梳在吹根部时，要向反方向推，电吹风必须跟着圆梳走，发尾吹成轻微弯曲。

3. 完成后的效果图

第八节　均等层次修剪及吹风造型

均等层次形一般是圆曲线的形状，表面有活动的纹理，但是造型可以通过个性化的周界而因人而异。修剪时手指位置的不一致能导致头发长度不一致，任何一根轴线都能当成设计线。由于圆形的每一处的提升方向都不一样的。

均等的长度带来圆的形状，从而给表面带来非常大的活动纹理。修剪均等的头发，每个发片都要 90 度提升，且不同的位置提升的方向是不一样的，同时手指位置需与头形平行。

一、短均等层次修剪及吹风造型

（一）知识点概述

1. 在整体修剪中使用水平、垂直、放射分份并保持 90 度提升。
2. 吹风造型技巧。

（二）跟我学操作

1. 洗护后的湿发图

从前发际中间开始操作，头发的长度参照到嘴唇的距离，分出一水平分份，使用垂直分配并沿着头部曲线提升 90 度角，手指平行头型修剪，从后发际线修剪到后面采用活动设计线。

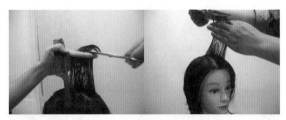

开始侧面修剪，采用垂直分份，并沿着头部曲线把头发以 90 度提升起来，并控制手指与头部曲线平行，并平行修剪，为了控制进行细分，从发际线到后部区域。

开始后部修剪，分出一个垂直分份。

把头发提升与头部曲线成 90 度角，保持手指与头部的平行，沿着手指平行修剪。

在后顶部区域采用垂直/放射分份。

沿着头部曲线把头发提升 90 度角并平行修剪。

采用相同的技巧，来完成另一侧的修剪。

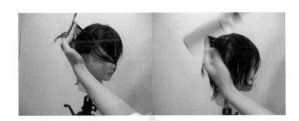

采用十字检查法检查头发是否有长短。

从两耳水平分出第一区域进行吹风，不要有太大的提升角度。

靠边分份线的头发，吹风时圆梳向上推后再向下吹理。

颈部的头发保持紧贴颈脖。

冠顶区域和两侧区域顺风。

顶部后面根部用圆梳向前推，但圆梳向后拉。

顶部前面根部用圆梳向后拉，但圆梳向前拉，两侧要尽量向脸部贴，但两侧上都要把根部吹蓬松。

2. 完成后的效果图

两侧要尽量向脸部贴，但两侧上都要把根部吹蓬松。

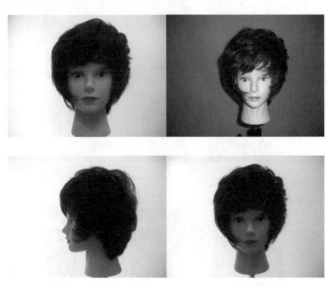

二、长均等层次修剪及吹风造型

（一）知识点概述

1. 在整体修剪中使用垂直、放射分份，90 度头部曲线提升。

2. 吹风造型技巧。

（二）跟我学操作

1. 洗护后湿发图

以前发际中间开始操作头发的长度参照到下巴下 5 厘米左右的距离分出一水平分份，使用垂直分配并沿着头部曲线提升 90 度角，手指平行头型修剪，从后发际线修剪到后面采用活动设计线。

开始侧面修剪，采用垂直分份，并沿着头部曲线把头发以 90°提升起来。

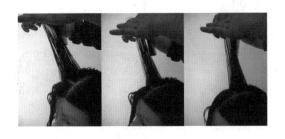

并控制手指与头部曲线平行，并平行修剪，为了控制进行细分，从发际线到后部区域。

采用相同的技巧来完成另一侧修剪。

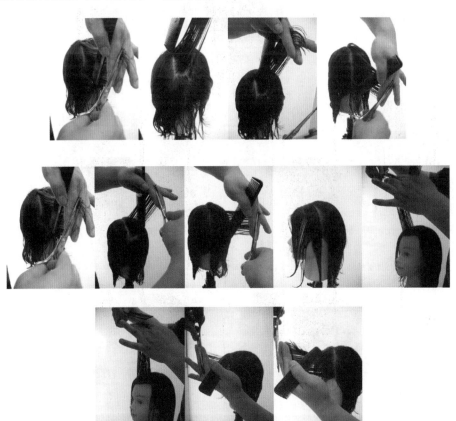

做轮廓线修剪，采用自然分配法，把轮廓线剪成圆弧形，以保留重量感。

从两耳水平分出一发区进行吹风。

用圆梳和电吹风配合，发片按 45°角提拉吹风，吹到发尾时用圆梳转几次，要注意发片光滑。

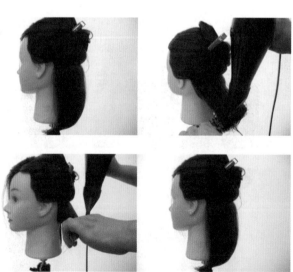

从额角开始马蹄形分区并从右眼角分份形成三七开。用圆梳和吹分机配合，发片

要高于基面提拉角度，发尾要吹稍微弯曲。

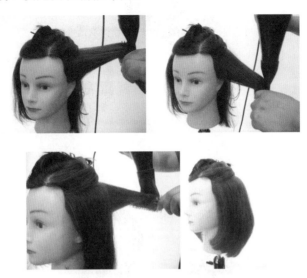

小边吹风时要注意把发片向头顶提拉以产生蓬松感。

吹到头顶区域时圆梳要在基面之上。脸部两侧圆梳要 45°提拉并让发尾产生向内稍微弯曲的纹理。

2. 完成的效果图

第九节　混合层次修剪及吹风造型

　　零度层次及低、中、高层次我们可以把它们称之为传统发型，但是一旦它们进行了有机的组合，则体现出来的风格是时尚的，潮流的。本章节着重教导均等层次形和低、中、高层次怎样进行有机的组合，BOB 发型和梨花头发型其实就是层次组合的演变。

　　均等层次形和中、高层次的结合比例能决定发型的形状、轮廓和发型的膨胀度及表面纹理的活动程度。BOB 发型和梨花头的发型特点就是都有厚重的重量线和重量区域，是低、中、高层次的组合形。

一、长发混合层次修剪及吹风造型（3 款）

（一）均等层次和高层次组合的混合层次修剪技巧

1. 知识点概述
（1）均等层次和高层次组合的混合层次修剪技巧。
（2）吹风造型技巧。
2. 跟我学操作

3. 洗护后湿发图

从额角开始在头部做马蹄形分区，并把下部分区域头发用夹子夹住，然后把上部分区域的头发放下来，上部区域均等层次有三分之一比例，下部区域层次占三分之二比例。

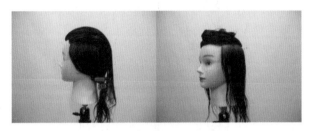

上部区域要用垂直/放射分份，保持头部位置端正，从头顶当中区取一发片修剪，作为整个均等区域长度。

在发际线处划一垂直分份，以当中头发发片的长度为指引，用垂直分配并把头发90度提升，平行于头型修剪出活动设计线。

用同样的方法来完成整个侧面的修剪。在冠顶部位采用放射分份，以前面修建的发片作为设计线来完成整个区域。

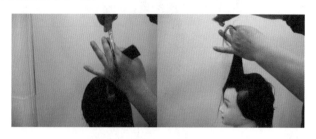

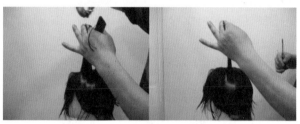

另一侧区域采用同样的方法进行修剪。

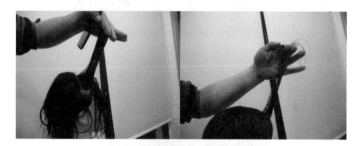

4. 效果图

（1）均等层次形修剪完成图

在均等层次形外侧水平分出一层发片，以这层发片作为高层次的长度指引。

划一水平分份，包括少量均等层次的头发，把头发垂直地面提升起来，手指位于水平分份线平行，修剪出固定设计线。

继续划水平分份，并把头发垂直地面提升起来引向固定设计线做修剪。

以同样技巧来完成整个层次区域的修剪。

从两耳划一水平分线，并把上部区域头发固定。

用圆梳配合吹风机，吹根部时要有 45°提升。

从额角处划一水平分线并把上部区域头发固定，用圆梳配合吹风机吹理，这一层发片吹风时圆梳要超过发片的基面。

在前部做三七开分线，小边吹风时要把头发向顶部区域提拉，打边吹风时要注意和小边保持相等的蓬松度，吹发尾时圆梳要转几次，以让发尾产生圆弧形纹理。

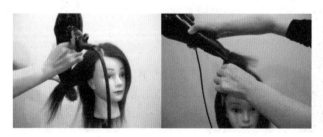

（2）完成后的效果图

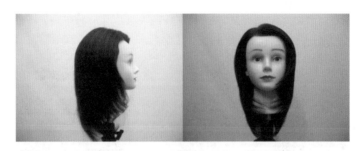

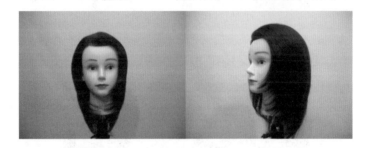

（二）零度层次、低层次和高层次组合的混合层次修剪

1. 知识点概述

（1）零度层次、低层次和高层次组合的混合层次修剪技巧。

（2）吹风造型技巧。

2. 跟我学操作

3. 洗护后湿发图

分出三角形刘海区域，并以三角形顶部把头发分成左右对称二区。

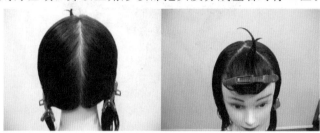

在刘海三角区中，以水平分线再分份，利用削刀弧形技术修剪，采用中等提升刘海分两层修剪。

两侧修剪采用斜向后分份，垂直分配法，45°提升，手指与基本分份线呈平行，沿着发梢做蚀刻式修剪，使刘海长度连接两侧长度。使用相同的方法修剪整个侧面。

应用左侧的修剪方法来完成右侧区域。

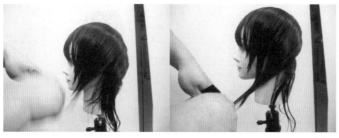

　　为了在冠顶缔造渐增的长度，左侧区域采用斜向前分份，垂直分配法 45°提升平行修剪。应用同样的方法来完成右侧区域。

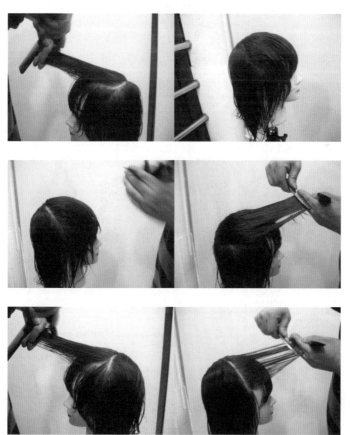

　　后部发区采用自然分配法，零度提升采用刻痕式修剪剪出一条弧形线。

从两耳出划出一水平线。

运用圆梳和电吹风配合 45°提拉发片并把发尾用圆梳卷至发干 1/3 处进行吹风,以缔造动感的纹理。

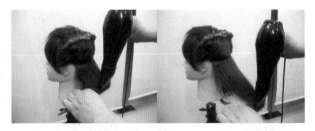

从两额角处划一水平线,90°提拉发片,把发尾用圆梳卷至发干 1/3 处进行吹风,吹理两侧时圆梳斜 45°提拉,发尾也一样吹至 1/3 处。

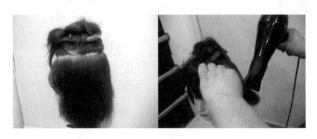

冠顶部吹，头顶部的头发向后吹拉，吹风要在基面前 45°，头顶前部的头发向前吹拉，刘海处头发提拉角度要低一点。

4.完成后效果图

（三）零度层次、均等和高层次组合的混合层次修剪

1.知识点概述

（1）零度层次、均等和高层次组合的混合层次修剪技巧。

（2）吹风造型技巧。

2.跟我学操作

3.洗护后湿发图

从额角下 3 厘米处水平分线把头发分成的上下两个区域并固定下部分区域头发。

把上面区域的头发修成均等层次形，首先从头顶当中分出一发片剪出发片长度根据需求来确定，然后采用垂直/放射分份，垂直分配 90°提升，平行头形曲线，根据当中的头发长度采用活动设计线，未完成整个区域修剪。

在均等层次形区域外侧水平分出一层发片，以这层发片作为高层次的长度指引。放射分份，垂直分配90°提升，平行头形曲线，根据当中的头发长度采用活动设计线，来完成整个区域修剪。

从侧面开始划一水平分份，包括大量均等层次的头发，把头发垂直地面提升起来，手指位于水平分份线平行，修剪出固定设计线，继续划水平分份。并把头发垂直地面提升起来，引向固定设计线做修剪，以同样技巧来完成整个高层次区域的修剪。

把所有头发按自然分配法梳理，不要有提升角度，把发型外轮廓线修剪成椭圆形。

用牙剪在冠顶区域做纹理处理，产生更强烈的纹理。

从两耳划一水平分线，并把上部区域头发固定，用圆梳配合电吹风吹理，吹根部时要把发片 45°提升，并把发尾吹成圆弧形。

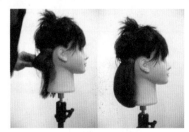

4. 完成后效果图

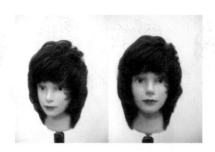

二、经典 BOB 修剪及吹风造型

（一）知识点概述

1. 经典 BOB 修剪技巧。
2. 吹风造型技巧。

（二）跟我学操作

洗护后湿发图

从耳朵划一水平分线，并固定上部区域的头发。

从下面区域中垂直分份取一发片，垂直分配不平行修剪出一条固定设计线，并从当中向两侧修剪。

从右侧垂直分份取发片，采用垂直分配，并把湿发片拉至中间，以中间的发片来修剪，要注意保持中间发片是和头形成90°。用相同的方法完成左右区的修剪。

从两额角划一水平分线，把上部区域一分为二。从头后部当中垂直分份取发片，采用垂直分配，并以下部区域顶端的长度指引（在下部当中发片的延长线上）剪出一条固定设计线，并以当中向两侧修剪。

从右侧垂直分份取发片，采用垂直分配，并把湿发片拉至中间的发片来修剪，要注意保持中间发片时和头形成90°。用同样的方法来完成左右两侧的修剪。

冠顶区域修剪，从后部当中垂直分份取一发片，水平地面拉出，以当中区域顶部

长度为指引，垂直地面修剪出一条固定设计线。

从左侧垂直分份去发片，平行地面拉向中间的发片来修剪，要注意保持中间发片是和头形成 90°。用相同的方法完成左右两侧区域的修剪。

从两耳划一水平分线，并把上面头发和两侧头发固定，吹风时发际线处要贴紧脖子，靠边分份线的发片要 45°提升发尾要吹顺。

再在上面发区划一水平分线，并把上面头发固定，吹风时圆梳要放在基面上吹，要把发片吹得光滑。要注意发尾的严整性。

吹至冠顶区时左右一分为二，吹风时要注意以两侧发片提拉角度的一致性，同时在吹冠顶区的后部时圆梳要在基面前 45°提拉，以达到蓬松圆润饱满的效果。

（三）完成后的效果图

三、变异 BOB 修剪及吹风造型

（一）知识点概述

1. 低、中、高层次组合修剪技巧。

2. 倾斜的低层次刘海修剪技巧。

3. 变异 BOB 吹风造型技巧。

4. 一款发型不同的造型技巧。

（二）跟我学操作

洗护后湿发图

　　分区图，三角形刘海，从后发际三分之一处划一条垂直线连接刘海的三角形分区的顶点，从二耳顶点划一垂直分线，使之形成左右前后刘海五大区。

　　从分区线小边区域垂直分出一发片，中度提升，不平行修剪出一条固定设计线发片1。

　　继续垂直分出发片2，垂直分线中度提升，把发片2拉至发片1处修剪，修剪时发片1要和头形保持垂直，以此类推完成小边区域。

　　现在开始剪大边区域，在靠近分区线取一垂直发片，以小边区域发片1长度为指引，把发片拉至发片1处修剪（剪好的发片称为2），发片1保持和头形垂直。

　　继续垂直分出发片3，垂直分份中度提升，把发片3拉至发片2来修剪，然后发片4以发片3为固定设计线，发片5以发片4为固定设计线。用技术完成整个区域修剪，以缔造渐增递进的长度。

在小边区耳部以上5厘米划一水平分线固定上部区域，在靠近分区线垂直取一发片以下面的长度为指引，在下面发片的延长线上（发片1）。

垂直取发片2，拉至发片1来修剪，发片3拉至发片2来修剪。完成这个区域修剪。

放下固定的头发，取一垂直发片吹平拉出，垂直地面修剪出发片1。选用当中区域修剪的技术来完成整个区域。

注意要保持发片1和头形垂直，剪完后的发片我们称之为发片2，垂直取发片3，采用垂直分配并拉至发片2来修剪。发片2要保持头形垂直。以此类推完成整个区域。

修剪大边取一水平分线并固定上部区域，取一垂直发片采用垂直分配拉至发片1区域来修剪。

放下上部区域头发，修剪方式同另一侧相同。

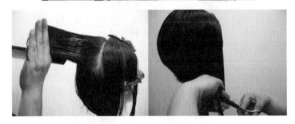

两侧前区域修剪，采用倾前分份，自然分配法，以后部区域长度为指引平行分份线修剪。

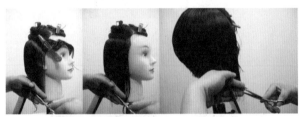

刘海修剪，采用倾后分份，垂直分配低角度提升修剪出一固定设计线，继续使用倾后分份，垂直分配，把所有发片都找到固定设计线上来修剪，以缔造一个斜向渐增的刘海。

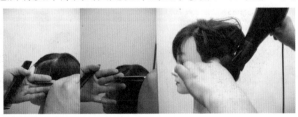

第一种吹风造型技巧，从两耳分一水平线，用圆梳和电吹风配合，把颈部发际线处的头发吹贴，上部的头发根部吹蓬松，发尾自然衔接。

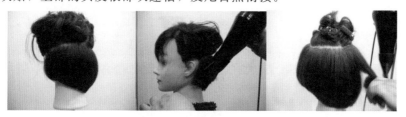

从两额角划一水平线，并固定上部区域头发，圆梳在提升发片时一定要在发片基面上 45°，发尾吹光滑。

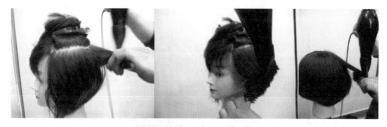

吹冠顶区域时，圆梳一定要向相反方向推进，以产生更大的蓬松度。

刘海区域用圆梳轻轻梳理，不要用很大的角度去吹理，让刘海基本上处于自然下垂略向内扣的状态。

（三）完成后的效果图 1

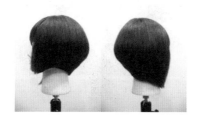

美发 基础

第二种吹风造型技巧，从两耳划一水平，用较小号的圆梳把脖子处头发吹得紧贴脖子，把其余头发发尾全部卷进去吹理，以产生明显弯曲的纹理。

在额角划一水平线，并固定上部区域头发，用圆梳把头发卷进去吹风，所有发片都必须要吹成弯曲的卷发，圆梳全部在基面上 45°提升，可 45°倾斜吹发。

冠顶区域也采用相同的吹风技巧。

刘海区域吹风，用小号圆梳把发尾全部卷进去，并保持圆梳在基面上，整个刘海可分 2～3 个发片来吹理。

（四）完成后的效果图 2

四、梨花头修剪及吹风造型

（一）知识点概述

1. 梨花头的修剪方法。
2. 梨花头的吹风方法。

（二）跟我学操作

洗护后湿发图

分成三角刘海区。

头发全部自然下垂，采用自然分配法，0°提升。把整个外轮廓线剪成椭圆形。

分出左右两侧，耳前区域并在冠顶区分出一个区域。

把这个区域采用垂直/放射分份，运用垂直分配法，活动设计线，平行头皮修剪出一个均等层次形，使冠顶区产生最大的蓬松度。

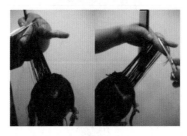

把后部头发左右分区，以方便控制，垂直取一发片，采用垂直分配法，不平行修剪，以均等层次的长度为指引，在这个发片的基础上延伸取一发片，以刚才修剪的发片下部长度为指引连接0°层次形。

垂直取第二发片，以刚才修剪过的长度为活动设计线，垂直分配不平行修剪。以此方法修剪整个后部区域。

左右两侧区域修剪，垂直分出发片，为顶部均等长度为指引，发片平行地面拉出垂直地面修剪出活动设计线。

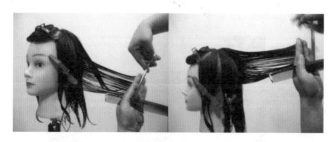

垂直分出第二发片，以活动设计线为指引，用相同的技巧来完成两个侧区修剪。

刘海区修剪，垂直分出发片，采用自然分配，0°角提升，长短位置在眉毛和睫毛之间，刻痕式修剪出一固定设计线，所有发片都找到固定设计线上刻痕修剪。

从两耳划一水平线，用圆梳配合电吹风吹理，吹风时先把发根发干拉光以吹顺，然后用圆梳把头发卷进去约 2 圈，注意要保持发尾的平整性，第二发片用相同的技巧完成。

从两额角划一水平分线，先把发根发干以大于基本 45°角吹光吹顺，然后用圆梳把头发圈进去约 2 圈，以同样的技巧完成整个区域吹理。

把整个顶部头发放下，以同样的技巧吹理，吹两侧时除了提拉角度要大一点以外，圆梳也可以倾斜并扭转头发。

用圆梳轻轻提拉刘海发片，提拉角度不要太大，让刘海产生向内弯曲即可。

（三）完成后的效果图

第十节　男士发型修剪及吹风造型

　　本章节对电推剪的技术运用要求很高，基本上所有的发型都必须要用电推剪，电推剪和剪发梳的配合是重中之重。中低高层次推剪所运用的角度都各不相同，要注意剪发梳的角度。同时男士发型的吹风必须要求排骨梳和电吹风的配合要非常密切。

　　只有掌握了男士传统发型的修剪和造型技巧，才能创造出潮流的男士发型。修剪轮廓要注意梳子的角度，左手的辅助动作要运用得当。吹风造型时，一定要注意形的饱满度，纹理的清晰度。

一、男士潮流发型修剪及吹风造型

（一）知识点概述

1. 中高层次修剪技巧。

2. 纹理化处理。

3. 男士潮流发型吹风造型。

（二）跟我学操作

洗护后湿发图

把头发分为左右分区，以在枕骨处划一水平线，上部头发固定。

从当中垂直取一发片垂直分配，平行修剪出一条活动设计线。

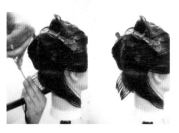

向左侧垂直取一发片，垂直分配，以第一发片为基准，平行修剪。

相同的技巧完成左侧修剪。

右侧的修剪方式和左侧一样。

从额角处划一马蹄形分区，并把上面头发固定，从当中取垂直一发片，垂直头皮拉出，以下面的头发长度为指引，不平行修剪。

向左侧垂直取一发片，垂直分配活动设计线，以第一发片为基准，不平行修剪。

相同的技巧完成左侧而后修剪。

耳前发区修剪，垂直取一发片，垂直分配，手指和发片呈 45 度角修剪。

第二发片拉至第一发片，采用垂直分配手法，以是产生渐增的鬓角长度。

运用相同的技巧完成整个右侧修剪。

把顶部头发全部放下，并从左眼球向后划一直线。

在头顶后部直线取一发片，采用垂直分配，以前面修剪的长度为指引，沿着直线，修剪一个和地面平行的发片作为固定设计线。

左侧小边处修剪，固定设计线长度为指引，把右侧修剪成一个均等区域，同时和前面修剪的头发进行连接。

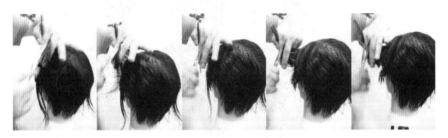

后冠顶区修剪，以固定设计线的长度为指引，采用垂直/放射分份把后冠顶区修剪成一个局部均等。

在固定设计线右侧取一发片，并把发片拉至固定设计线来修剪，修剪时要维持固定设计线和头皮垂直。

把所有的头发都拉到固定设计线修剪。

接后脑部长度和右侧最长的头发，采用刻痕式修剪出一条前倾的斜线。

纹理化处理。

从后部当中取一垂直发片，用牙剪进行打薄，并向上延伸到枕骨以上，整个后面都用牙剪进行纹理化处理，记住怎么剪的就怎么打薄。

两边鬓角一定要大面积打薄，以达到柔和的效果。

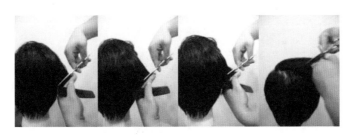

头顶渐增的头发，采用间隔式打薄技巧，用牙剪间隔式打薄头发，以达到更加柔和的纹理。

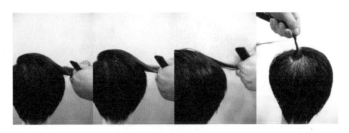

从后脑左侧取一束头发，扭转后用牙剪打薄，以达到更大的挺立感。

吹风造型。

后颈部用排骨梳把头发压等吹，以达到紧贴脖子的效果。

后部上面要一层一层吹梳，用排骨梳斜插在发根上并捏起弧度，风口对着弧度吹，吹上面的长发时，排骨梳要转动，使发尾产生动感的纹理。

左侧的头发，用排骨梳向前吹梳，要吹得鬓角处的头发要贴在脸上。

顶部头发用圆梳配合电吹风梳。圆梳要 45°角倾斜，并把发片向前推拉，让发尾稍微弯曲。

以同样的方法完成整个头顶头发的吹梳。

（三）完成后的效果图

二、男士青年式修剪及吹风造型

（一）知识点概述

1. 男士青年头的简单修剪处理方法。

2. 纹理化处理方法。

3. 吹风造型。

（二）跟我学操作

洗护后湿发图。

从前发际当中取一发片，采用垂直分配，平行头形修剪出一活动设计线。

依次向后取一发片，采用垂直分配，以活动设计线长度为指引修剪。

以相同的修剪技巧，修剪至枕骨处。

以当中修剪好的头发长度为指引，垂直分配，平行头形修剪。

以第一发片长度为指引，采用垂直分配、活动设计线、平行头形修剪。

在刚才分出的垂直发片的基础上延伸出一发片，采用相同技巧修剪出均等层次的长度。

技巧修剪，在修剪冠顶区域采用垂直/放射分份把整个枕骨区以上的部分修剪成均等层次。

纹理化处理。

从前发际水平取一发片，利用夹剪法，用牙剪把发尾去薄。

一次从前向后，用牙剪把发尾去薄。

利用挑剪法，用牙剪把四周头发打薄，以方便和高层次推剪融合。

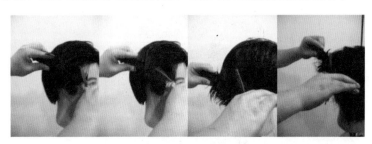

多层次推剪。

两面梳和头皮呈 45°角，梳子倾斜 60°角进行推剪鬓角。

两面梳水平并和头发呈 45°角进行推剪。

两面梳和头皮呈 30°~45°角进行推剪，以完成整个鬓角部分推剪。

两面梳压住左侧发际线头发，梳子和头皮形成大角度进行推剪。

两面梳保持和头皮呈 60°角进行推剪，梳子竖放。

两面梳平置且和发际线头皮形成 60°角进行推剪。

两面梳竖放并且保持和头皮呈 60°角进行推剪另一侧发际线。

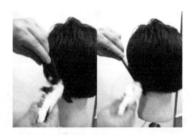

采用相同的技巧来完成另一侧发际线和鬓角的修剪。

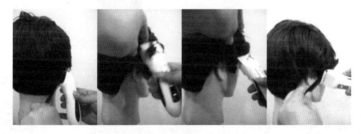

利用夹剪法完成均等层次和色调轮廓连接。

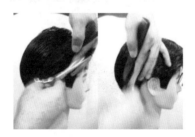

另一侧采用相同的技巧完成。

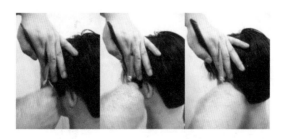

吹风造型

用排骨梳从后部开始吹起，排骨梳和头呈 45°角倾斜，每一层发片根部要用排骨梳托起。

顶部亦用排骨梳梳理，要充分运用拉、翻、提的技巧，吹理头额角时要注意把正面要吹高，而侧面要压服帖。

另一侧的前面区域要稍低另一侧。

用九排梳进行梳理，梳理时左手要跟着九排梳移动且稍微压制一下头发。

（三）完成后的效果图

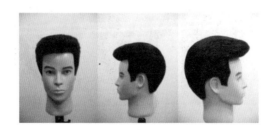

三、男士螺旋式修剪及吹风造型

（一）知识点概述

1. 高层次修剪和中层次推剪组合技巧。
2. 纹理化处理。
3. 男士螺旋式吹风造型。

（二）跟我学操作

洗护后的发型图。

从前发际线水平取一发片，垂直头皮拉出，平行头皮修剪出一活动设计线。

从前发际线水平取一发片，垂直头皮拉出，平行头皮修剪出一活动设计线。

用相同的技巧来完成整个顶部的修剪，修剪冠顶时，采用垂直/放射分份。

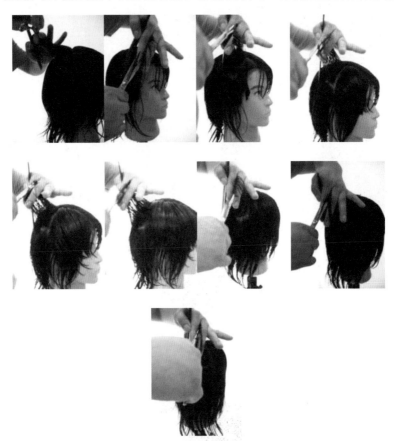

其他地方采用垂直分份。

采用手心向下，手指与头皮呈 45°角，以上部修剪过的长度为指引来修剪。

用同样的技巧来完成整个下部区域修剪。

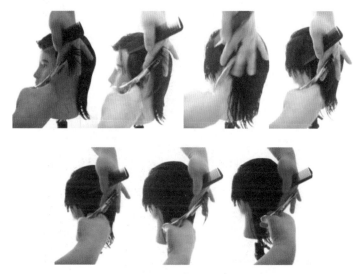

从前发际线水平取一发片，利用牙剪进行发尾打薄，以同样的方式来完成整个冠顶出的纹理化处理。

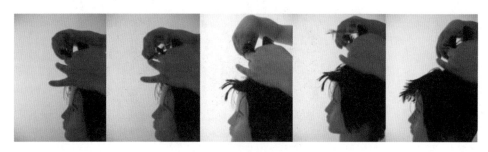

用两面梳配合牙剪运用挑剪的修剪技巧来完成整个周边的纹理处理。

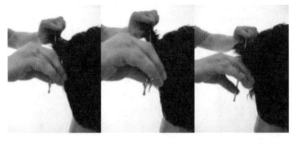

两面梳水平并和头皮呈 45°角进行推剪，两面梳和头皮呈 30°～45°角进行推剪，以完成整个鬓角部分推剪。

两面梳压住左侧发际线头发，梳子和头皮形成大角度进行推剪。

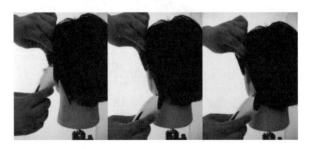

两面梳平置且和发际线头发、梳子和头皮形成大角度进行推剪。两面梳保持和头皮呈 60°角进行推剪，梳子竖放。

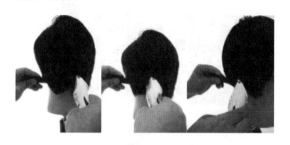

　　采用相同的技巧来完成另一侧发际线和整个的修剪。

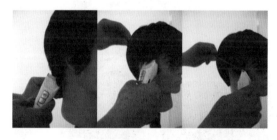

　　用排骨梳配合电吹风，以发旋为基点把侧面的头发向前吹理，同时把前边发际线的发片根部吹挺。

以发旋为基点，把后部的头发向左吹梳，以产生螺旋的纹理。

吹理顶部时一定要一层一层用排骨梳吹梳，吹梳时要把发根拉出弧度，风口对着弧度吹。

用宽齿尖尾梳进行整理，梳理要注意以发旋为中心，整个块面围绕发旋在转，梳理完毕后用发胶整理。

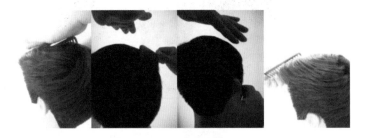

（三）完成后的效果图

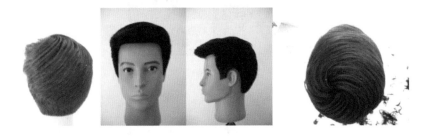

四、男士有色调一边倒发型修剪及吹风造型

（一）知识点概述

1. 高层次修剪和中低层次推剪组合技巧。

2. 纹理化处理。

3. 男士有色调一边倒发型吹风造型。

（二）跟我学操作

洗护后的发型。

从前发际线水平取一发片，垂直头皮拉出，平行头皮修剪出一条活动设计线。

分出第二发片，以第一发片长度为准，垂直头皮拉出，平行头皮修剪。

用相同的技巧来完成整个顶部的修剪，修剪冠顶时，采用垂直/放射分份。

其他地方采用垂直分份。

采用手心向下，手指与头皮呈 45°角，以上部修剪过的长度为指引来修剪。

用同样的技巧来完成整个下部区域修剪。

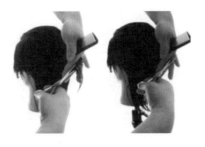

纹理化修剪

　　从前发际线水平取一发片，利用牙剪进行发尾打薄，以同样的方式来完成整个冠顶处的纹理化处理。

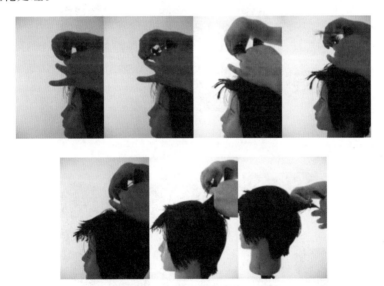

用两面梳配合牙剪运用挑剪的修剪技巧来完成整个周边的纹理处理。

两面梳水平并和头皮呈 45°角进行推剪，两面梳和头皮呈 30°~45°角进行推剪，以完成整个鬓角部分推剪。

两面梳压住左侧发际线头发，梳子和头皮形成大角度进行推剪。两面梳保持和头皮呈 60°角进行推剪，梳子竖放。

两面梳平置且和发际线头皮形成 60°角进行推剪。

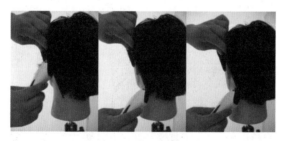

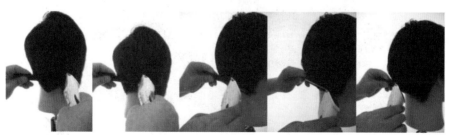

采用相同的技巧来完成另一侧发际线和整个的修剪。

用排骨梳配合电吹风，枕骨以下的部分，用排骨梳快速梳理，使其服帖平整。

吹完后，再一层一层向顶部吹梳，注意越到上面，则根部越要吹挺。

排骨梳斜插进入发片根部，然后把发根拉出弧度，电吹风的风口就对着弧度送风，后部冠顶区，每一层发片都要向前提拉，以达到饱满的效果。

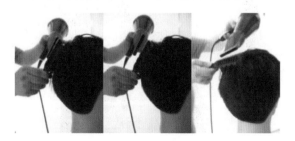

美发 基础

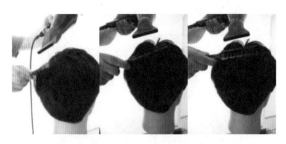

现在开始吹侧面，要注意这一侧面的头发要向前吹理，以达到一边倒的效果，在接近顶部时，排骨梳要与侧面平行并且排骨梳侧面要插入发根，使侧面显得饱满。

从后脑部开始吹梳另一侧区域，排骨梳一侧斜插发片根部拉出弧度，风口对着弧度吹即可，一层一层向前吹梳。

吹梳头顶部部分时，排骨梳要倾斜吹梳，达到和另一侧连接的效果。

吹理前发际线时，要注意排骨梳要和发际线平行，斜插入发片根部，把发根部向前提拉出角度，然后电吹风风口对着弧度送风。

（三）完成后的效果图

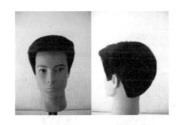

五、男士有色调三七开发型修剪及吹风造型

（一）知识点概述

1. 均等层次和中高层次推剪组合技巧。
2. 纹理化处理。
3. 男士有色调三七开发型吹风造型。

（二）跟我学操作

洗护后的发型

从前发际当中取一发片，采用垂直分配，平行头形修剪出一活动设计线。

依次向后取一发片，采用垂直分配，以活动设计线长度为指引修剪。

以相同的修剪技巧，修剪至枕骨处。

以当中修剪好的头发长度为指引，垂直分配，平行头形修剪。

以第一发片长度为指引，采用垂直分配、活动设计线、平行头形修剪。

在刚才发出的垂直发片的基础上延伸出一发片，采用相同技巧修剪出均等层次的长度。

运用相同技巧修剪，在修剪冠顶区域采用垂直/放射分份把整个枕骨取以上的部分修剪成均等层次。

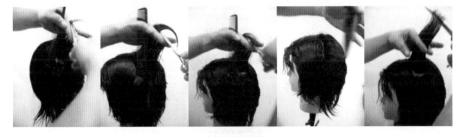

纹理化处理

从前发际水平取一发片，利用夹剪法，用牙剪把发尾去薄。

一次从前向后，用牙剪把发尾去薄。

利用挑剪法，用牙剪把四周头发打薄，以方便和高层次推剪融合。

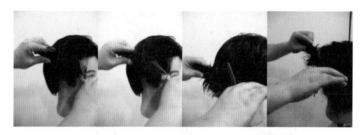

多层次推剪

两面梳和头皮呈 45 度角，梳子倾斜 60 度角进行推剪鬓角。

两面梳水平并和头发呈 45 度角进行推剪。

两面梳和头皮呈 30～45 度角进行推剪，以完成整个鬓角部分推剪。

两面梳压住左侧发际线头发，梳子和头皮形成大角度进行推剪。

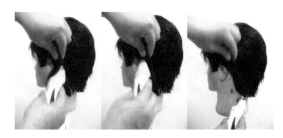

两面梳保持和头皮呈 60°角进行推剪，梳子竖放。

两面梳平置且和发际线头皮形成 60°角进行推剪。

两面梳竖放并且保持和头皮呈 60°角，推剪另一侧发际线。

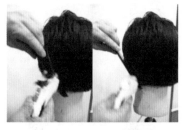

采用相同的技巧来完成另一侧发际线和鬓角的修剪。

利用夹剪法完成均等层次和鬓角轮廓处理。

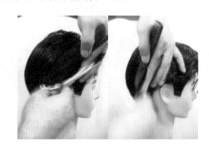

另一侧采用相同的技巧完成。

吹风造型

把后颈部的头发用排骨梳和电吹风配合，风口要向下吹理服帖，而枕骨以上部位则必须把根部吹蓬松，一层一层朝小边方向吹理。

从眼球向上划一直线以产生 3/7 分缝。把头缝分好后，排骨梳和分缝线平行，把小边头发的根部吹起来。吹风时，把小边的头发向大边方向推，使发干站起来，以达到饱满的效果。

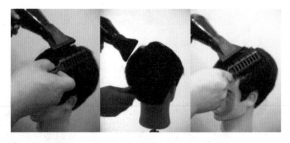

吹大边前先把大边头缝地方的头发压住，梳背好的头发要保持一定的记忆力，在使吹风风口对着头缝送风，使头缝清晰，同时利用排骨梳把沿头缝的发根稳住，并略向上提把发根吹得站立起来，使其显得饱满。

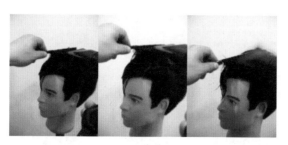

从后脑部开始吹理大边区域，采用相同的技巧，用排骨梳融合电吹风吹理，吹梳时要注意风口和头皮保持平行。

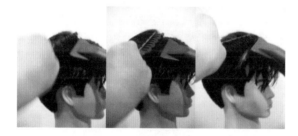

前发际线吹梳时一定要把发梳吹起，把发根吹站立起来。

用九排梳整理。

（三）完成后的效果图

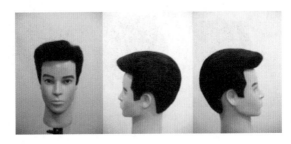

六、男士平头修剪

（一）知识点概述

1. 高层次修剪技巧。
2. 高层次推剪组合技巧。

（二）跟我学操作

洗护后的发型。

整个头部，采用垂直分发片，90°提升，活动设计线修剪成均等层次形。

注意：由于人的头形是圆的，故 90°提升的方向不会一样。

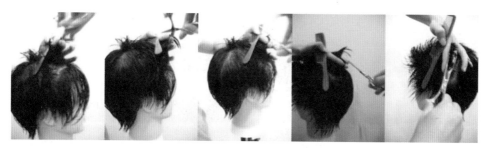

整个周边，以上面头发长度为指引。

采用垂直分份法，90°提升，活动设计线，不平行修剪来完成整个周边修剪。

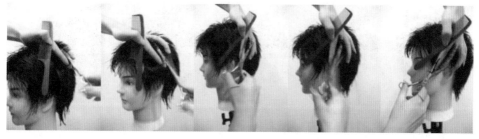

美发 基础

用排骨梳竖放和头部呈 15°角左右，裁发梳梳在头发里，用电推剪把裁发梳上面的头发推剪掉。

继续向后推剪至耳后，刚才我们是竖着推剪，现在我们来横向推剪调整。

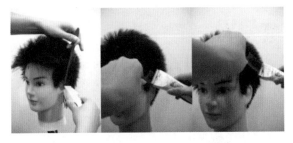

继续向后部推剪，注意裁发梳要竖放，并和头部保持 15°角。

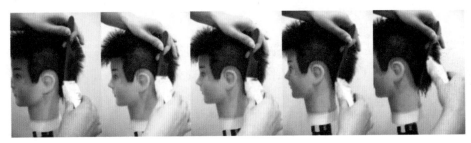

电推剪紧贴裁发梳表面，推剪至另一侧。

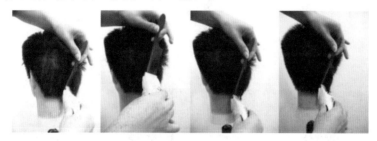

裁发梳平放，并和头部呈 15°角修剪后颈部发际线。

修整右侧发际线处的头发，以完成整个侧面的推剪。

从后脑处开始向前推剪，梳子把头发梳好后，注意裁发梳要与地面平行，用电推剪剪掉梳子上面的多余头发。

继续向前推剪，以前面的头发为准，继续保持梳子和地面平行，然后再推剪。

用相同的技巧一直推剪掉前发际线。

裁发梳和头部形成45°角，用电推剪来修剪平头的轮廓线，从后部向前推剪，让轮廓线看上去更圆润，左右两侧和后脑部运用同一种方式完成。

裁发梳和头部形成45°角，用电推剪来修剪平头的轮廓线，从后部向前推剪，让轮廓线看上去更圆润，左右两侧和后脑部运用同一种方式完成。

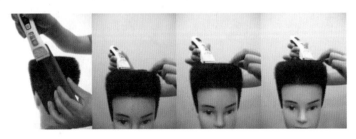

（三）完成后的效果图

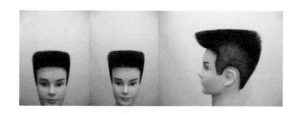

<h1 style="text-align:center">第十一节　吹风与造型</h1>

吹风造型作为一门造型艺术，它不能脱离人的因素，造型的艺术形象是由多种因素有机组合而成的，同时更有多种吹风造型的方法，直发类和卷发类所运用的方法又有不同。吹风机送风技巧、吹风机和圆梳等的配合技巧。

吹风造型是头发的最后一道操作工序，能否形成美观、大方、时尚的发型，主要取决于这一道工序。吹风在造型中起到重要的作用，同时，吹风能调节修剪技术的某些缺陷。线条流畅、丝纹清晰、结构完美、轮廓饱满，并能适应脸形，自然、完美才是吹风的最高境界。

一、吹风的作用、方法

（一）吹风的作用

吹风梳理是美发的最后一道操作工序。能否形成美观、大方的发式，主要取决于这一道工序。因此，吹风也可以说是一种具有艺术性的操作。

头发洗过后，因水分渗透而膨胀软化，再经热风吹过，加上美发师的技术处理，即可塑造出各种发式。因此，吹风在决定发式中起着重要作用。

1. 顾客洗发后，头发潮湿，会感到不舒服，吹风能使头发很快干燥。

2. 吹风配合梳理，能够使比较杂乱的头发变得平服、整齐，而且可以按照发型要求，吹梳出各种不同的式样来，并有固定发式的作用。

3. 吹风能调节修剪技术的某些缺陷。经过吹风后，梳好的发式只要保护得当，一般能维持好几天时间。

（二）吹风的技巧

1. 正常吹法：梳子直接从发片的底部拉，向下带半圈，拉紧发片。

2. "C" 形吹法：大拇指放在梳耳，而不是梳柄，主要用来调整毛流，动作为 "W"。

3. 梳齿朝下：大拇指按住发片，拉紧拉直吹直，吹细腻的线条。

吹风速度

洗过头，头发干至五成，再慢慢吹，吹弹性（七成干），再快吹，用风嘴吹亮度（15 度角）吹九成干即可，过干会起静电。

（三）吹风的注意事项

吹风必须做到不吹痛头皮，不吹焦头发，因此，在吹风时要注意吹风口与头皮的距离，并保持一定的角度，还要注意送风的温度与技巧。

二、盘发的操作方法

（一）盘发的种类

1. 直形卷入。

2. 曲形卷入。

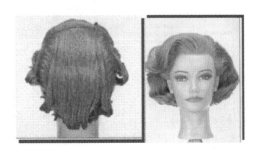

3. 交替卷入。

（二）盘发的设计原理

策划任何设计的关键在于你如何有效地使用设计元素和设计原理。设计原理是艺术家用来组合设计元素的排列方式。就像一个作曲家将音符进行编排并创造出音乐一样，一个艺术家利用设计原理来安排设计元素。这种分析方式不仅为你作为艺术家进行沟通建立了语言，而且为你提供了一个艺术创作的基础，以创造你自己的艺术作品。

1. 主调：是一个在设计中有最强烈影响的焦点单位。

纹理主调　　　　纹理主调

2. 重复：除了位置，所有单位都是完全相同的。

形的重复　　　　纹理的重复

3. 交替：两个或以上的单位以重复的模式排列。

方向的交替　　　　颜色的交替

4. 递进：所有的单位都很相似，并且成比例地在上升或下降的方向有等级地变化。

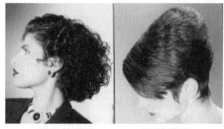

纹理的递进　　　　　形的递进

5. 和谐：相似但不完全相像的单位组合成令人愉快的设计。

颜色的和谐　　　　　纹理的和谐

6. 对比：相反事物之间的理想关系，能令人兴奋并引人注目。

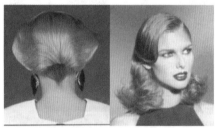

颜色的对比　　　　　方向的对比

7. 不一致：单位之间的最大差别；两个极端的对比。

形的不一致（颜色的重复）

（三）盘发的手法

基面控制：

一个设计中所使用的基面控制会影响卷入或反出的发量。基面指的是在一个形状内的直形分份之间的区域。基面大小一般取决于工具的直径和长度。基面控制要考虑的两个因素是：与工具直径相关的基面大小和与基面相关的工具的位置。

1. 几种常用的基面形态。

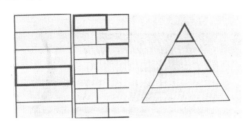

基面大小：基面大小是根据工具的直径测出的。

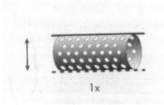

1×直径（1×）

基面大小

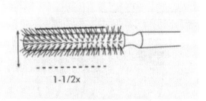

1.5×直径（1.5×）

基面大小

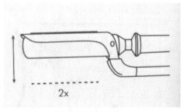

2×直径（2×）

至于圈子，基面的大小与圆的直径有关。

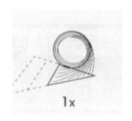

1x

2. 卷入基面的控制选择。

全基面：发量最大，基面的力量最大。

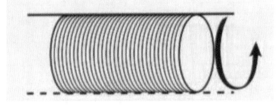

半离基面：发量较小，基面的力量较小。

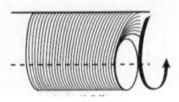

1×直径，1.5×直径，2×直径

离基面：发量最小，基面的力量最小。

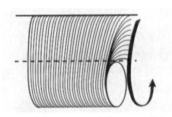

1×直径，1.5×直径，2×直径

拉下卷：发量和基面力量减少。

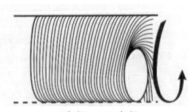

1.5×直径，2×直径

提上卷入：获得夸张的方向和发量，基面力量减少。

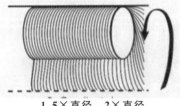

1.5×直径，2×直径

基面位置——反出

在反出中，工具的位置和基面大小会影响反出的空间或平展部分的大小。工具位置还会影响基面的力量和卷发的动感。

3. 反出基面的控制选择。

全基面：基面力量最大并有卷入的效果。

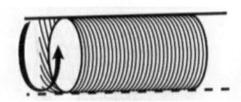

1×直径

拉下反出：基面力量中等，卷发的张开度较强。

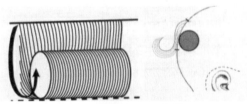

1.5×直径，2×直径

半离基面：基面力量中等，卷发有更多的动感。

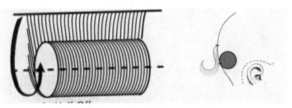

1×直径，1.5×直径，2×直径

离基面：基面力量中等，卷发动感最强。

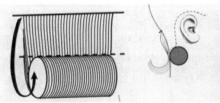

1×直径，1.5×直径，2×直径

（四）直形卷入

在整个历史上，上翘一直是一种古典的设计，这种设计包括不同数量的反出（上翘度更大）或在面部周围增加波纹状。

用圆刷配合吹风造型，形成卷入和反出，使在这个固体形的周界产生柔和上翘的扩展形。

后部和两侧使用吹风造型形成卷入和反出。上部和冠顶部被吹风造型之后建立卷入。在前部使用偏分发技术，并将后部再次向下划分。

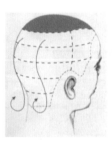

从后颈开始，将小直径圆刷放在发束的下面以产生基面的提升。然后将刷子放在发束的上面并向上卷，产生反出的效果。

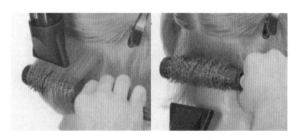

改用大直径圆刷，从中间向一侧操作至冠顶部。为了减少发量，只将反出吹干即可。

在冠顶部吹风造型，形成卷入。根据所想要的发量提升头发。

这里使用的是90度提升和1×半离基面控制。使用大直径自贴卷筒以加强形状，然后让头发冷却。

用同样的控制方法将三个卷筒固定在冠顶部周围。

移至发量较少的一侧。吹风形成卷入，使在基面产生提升。然后将每个分区向上转以产生反出的效果。

注意上翘纹理的高度，并调节刷子向上卷的距离，以便使侧面与后面的反出得到连接。

在另一侧使用同样方法操作。先吹风形成卷入，然后再建立反出。并使侧面与后面的反出连接起来。

当操作至上部时，只吹风形成卷入，然后用自贴卷筒固定。侧面的第一个卷筒将头发引向脸后。这里使用的是半离基面控制技术。

将平行于侧分发的最后两个分区吹风造型，然后用以半离基面控制技术固定自贴卷筒。

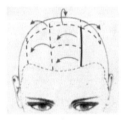

为了加强卷度，你可以使用风筒加热头发。

拆掉卷筒并松发。倒梳上部的头发，而冠顶部的头发则可以根据所要的效果选择造型的方式。注意在较长的头发中形成卷入时会产生自逆的波浪形。

假如你选择了倒梳，那么你在操作时一定要使每个分区都连接起来。

轻轻梳平头发的表面。用手指按住反出的部分，使发尾向上的方向得到加强。然后将冠顶部的头发轻轻提起，以调节这个部分的发量。

完成效果图。

（五）曲形卷入

各种弯曲线条的混合使用在设计内产生了一种流水似的运动。

半圆中的一半头发移离面部，而另一半则移向面部。这样就在边沿层次形中产生了幅度较大的曲线运动。

从前部发线开始。塑型并划分出一个逆时针的半圆。

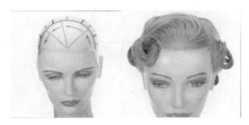

在右侧塑型并划分出一个扩展圆。在左侧同样操作。

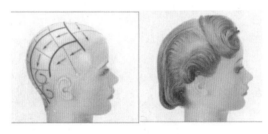

将剩余的长度笔直向下塑型。

划分半圆并使用卷筒。基面控制分别为：1×半离基面，1.5×拉下卷入基面，1×半离基面，1×离基面。

划分内圆并使用1×半离基面控制技术固定卷筒。然后用与内圆相同的起始点在外圆盘发。

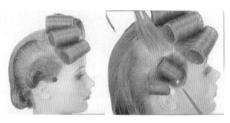

整个外圆使用的是1×半离基面控制技术。注意最后两个分份使用的是圈子。在另一侧使用同样的基面控制技术。

剩余的直形形状使用的是砌砖模式，基面控制采用从最大发量逐渐减少的递减方式。开始的两排卷筒使用的是1×全基面控制技术。

接下来的两排卷筒使用的是1×半离基面控制技术。继续用半离基面控制技术在剩下的头发中建立圈子。

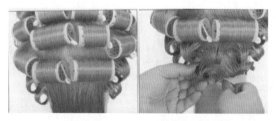

用一个或两个刷子开始松发。从后颈向上操作，再操作侧面，最后操作上部。

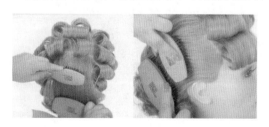

美发 基础

在整个头部松发，然后进行干发塑型，梳理出设计内的方向。

按照盘发的方向用一次技术开始倒刷半圆形。然后将上部表面梳理平滑。

按照盘发的方向倒刷两侧的扩展圆。继续操作至后部。

根据盘发的模式确定形并将表面梳理平滑。然后，用宽齿梳增加表面纹理和定义。

完成效果图。

（六）交替卷入手法

这个均等层次的长度对所得到的扩展数量有很大影响。较长长度的扩展较大，而较短的长度则产生更强的轮廓效果。

头顶的交替长圆为这个移向脸后的均等层次形建立了模式。两侧的跳跃波纹产生了紧凑感，而后部的卷入圈子则形成了高度活动的效果。

塑型并划分第一个水平长圆。

用卷筒量出一个直径大小的基面并朝闭口端取 45 度角分份。将头发提升 90 度，用半离基面控制技术固定卷筒。

用同样的基面控制技术分份并完成形状。

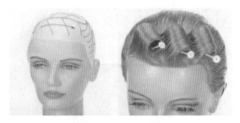

以相反的方向塑造第二个长圆。继续取 45 度角分份，使用 1×半离基面控制技术。

交替的卷入长圆延至后部。

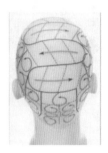

塑型并划分第三个长圆。用同样的基面控制技术完成第三个长圆。从闭口端开始操作。

塑型并划分第四个长圆。

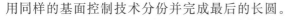

用同样的基面控制技术分份并完成最后的长圆。

塑型并划分一个垂直的跳跃波纹。

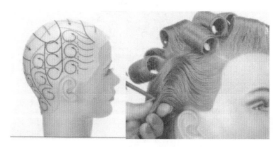

当建立第二个长圆时，不要弄乱第一个长圆。取弧形分份建立卷入圈子。最先的两个圈子使用的是半离基面控制技术，第三个圈子使用的是离基面控制技术，以产生最少的发量。

塑型并划分下一个长圆。然后分份并建立反出的圈子。圆圈应位于它的基面的上半部。你可以使用长"U"形针来控制。

塑型并划分另一个长圆。在整个长圆中用1×半离基面控制技术建立卷入圈子。

在另一侧使用同样技术操作。

将剩下的头发向下分配并塑型。

将这个直形形状用卷入圈子以 $1\times$ 半离基面控制技术和砌砖模式设定。

松发并干发塑型。

使用一次技术以盘发的方向倒刷头发。

找出设计的线条。

倒刷两侧并与头顶部连接。然后倒刷后部。

找出侧面形状中的线条。用宽齿梳进行细节设计，并分离和确定活动纹理。

完成效果图。

三、于吹波浪的制作方法及注意事项

洗护后的湿发

用圆梳配合电吹风，圆梳从根部向发尾移动，风口跟着圆梳移动，吹至发尾时，轻轻带过，把发根发干吹干，发尾保留水分。

圆梳放在发片表面，并且把发尾向上卷，在圆梳上卷好以后，把圆梳顺时针向上转动至发根，风口对着圆梳吹。再放在圆梳至发中，让发尾继续留在圆梳上，重复来回转动，放开圆梳，发片出现弯曲成圆形时，可吹下一发片。

运用吹第一发片的吹风技巧来完成这个区域的吹梳。

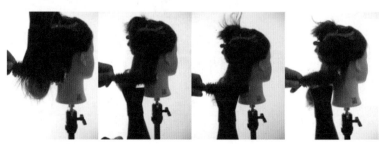

第一发区完成图

从两额角划马蹄形分区，并固定上部头发，把下面头发放下。

吹根部时，圆梳要在发区基面上，然后圆梳再从根部向发尾移动，风口跟着移动，发尾保留一点水分。

圆梳放在发片表面，并且把发尾向上卷，在圆梳上卷好以后，把圆梳顺时针向上转动至发根，风口对着圆梳吹。再放在圆梳至发中，让发尾继续留在圆梳上，重复来回转动，放开圆梳，发片出现弯曲成圆形时，可吹下一发片。

运用相同技巧来完成这个区域吹梳。

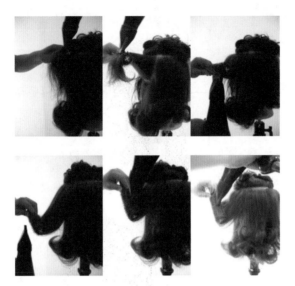

第二区域完成的效果。

将刘海固定好。

先把发干吹干，吹根部时，圆梳要向上提拉，要完全在基面上面，这样发根会蓬松饱满，然后再把发尾卷进去进行吹梳。

这个区域全部利用刚才的吹梳技巧来完成。

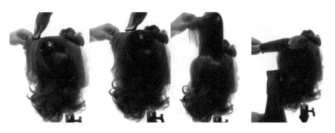

这个区域全部利用刚才的吹梳技巧来完成。

圆梳和电吹风配合，把刘海分成两个发区，先吹靠分份线的这个发片，把这个发片吹成"C"形卷后，再把第二发区和第一发区合在一起吹梳，然后再用圆梳把刘海向后推吹。

整理，喷上发胶。

完成后的效果图

手吹波浪的注意事项：

1. 每一个发片卷在圆梳上时，发尾要保持平整，不能把发尾窝在里面。

2. 顶部发片吹梳时，圆梳一定要在基面上，圆梳提拉角度要大，才能产生饱满度。

3. 电吹风不能一直对着卷好发片的圆梳死吹，死吹的话，头发容易烤焦，同时会对工具造成损害。

4. 吹风时要注意两侧的对称性，以及发卷的持久性。

四、韩式发型的吹风技巧

洗护后的湿发

从两耳划下水平线，以释放出第一发区头发，上部头发固定，刘海区域固定。

先从左侧开始，用圆梳配合电吹风，圆梳从发片根部向发尾移动，风口跟着圆梳移动，把发片拉光拉顺。

从发干当中开始把发片轻绕在圆梳上，电吹风对着圆梳吹。

圆梳缠绕着发片进行逆时针转动直至发尾，让发片扭转成绳，一边扭动，一边吹风。

再吹右侧发片，用圆梳配合电吹风，圆梳从发片根部向发尾移动，吹风口跟着圆梳移动，把头发拉光拉顺。

从发干当中开始，把发片轻绕在圆梳上，电吹风对着圆梳吹。

圆梳缠绕着发片进行顺时针转动，直至发尾，让发片扭动成绳，一边扭动，一边吹风。

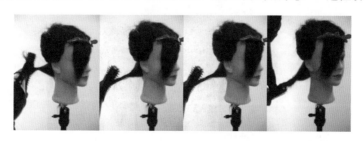

美发 基础

第一发区吹完打散后的效果。

从两额角划一水平线，并固定上部头发。

左侧半边的头发吹风方式和第一区左侧发片一样，只是这个区域根部要吹蓬松。

右半边的头发的吹风造型和第一区右侧发片一样。

根部亦要吹蓬松。

顶部左侧的头发进行逆时针缠绕并扭成绳进行吹梳。

右侧的头发则顺时针缠绕并扭成绳进行吹梳，以完成整个顶部的吹梳。

刘海吹风技巧

把刘海一分为二，每个发片要用圆梳卷入并吹成"C"形卷。

把两个刘海发片合并，用圆梳吹梳，圆梳手柄扭动，让圆梳产生"C"形运动，并注意和侧面的衔接。

整理技巧

从后颈的发际线两角各取一小束头发来，并把头发放在这两小束头发上。

左手抓住左边小束头发做逆时针转动，要多转动几圈，才能放下。

右手抓住右边小束头发做顺时针转动，要多转动几圈才能放下。

放下后的头发打散就可进行定型。

完成后的效果图

五、发型配合脸型的处理方法

脸形可分为：圆脸型、长方形脸型、方形脸型、正三角形脸型、倒三角脸型等。

发型与脸形的配合就是以发型的外轮廓和内轮廓的变化，来掩饰脸形的美中不足部分，而使之趋向完美。

（1）圆脸型的发型处理方法

发型制作应该是在顶部要拉高，两侧的直线收紧为宜，面颊部略有虚线，加以遮盖。这样会增加些成熟感和减少些娃娃脸的感觉。

（2）长方形脸型的发型处理方法

发型制作时，顶部头发吹平服，两侧头发要有一定的发容量，使发式略有蓬松，并带有弧度，使脸形增加丰满感。

（3）方形脸型的发型处理方法

发型的制作应该是顶部要略松，两侧头发略有弧度，紧贴腮部，线条要柔和，整个轮廓采用以圆套方的办法，使其呈椭圆状，以减少方的感觉。

（4）正三角形脸型的发型处理方法

发型制作时，应将两侧顶部吹送，衬托起来，增加额部及前两侧顶部的宽度。两腮部以虚线贴紧，遮盖耳垂以下腮部，使其有自然感，避免做作。

（5）倒三角形脸型的发型处理方法

在发型制作时，要使左右两顶部的头发贴紧，中部要略松，两腮部要吹出弧度，使其有丰满度，减少瘦削之感。

第 五 章
烫发与造型

学习目标

1. 了解烫发与造型的概念及原理
2. 学会各种烫发卷杠的排列方法及流程
3. 学会热烫、离子烫的流程、技巧和注意事项

内容概述

本章共四节，从四个方面介绍讲解：烫发与造型概念、烫发卷杠的排列方法及烫发流程、热烫、离子烫等相关概念、原理、流程、操作技巧、注意事项等知识。

第一节　烫发与造型概念

本节主要是让我们了解烫发与造型的概念，懂得烫发设计质感的分析及它的种类。烫发有哪些原理和基本面的处理也是我们应当学会的一些技巧。

一、烫发与造型的概念

（一）烫发的概念

烫发是一种美发方法，是通过物理作用和化学作用使原来的头发变形和变性。烫发目的有两个，一是使头发更丰富；二是改变头发的形状、走向。

烫发的基本过程分为两步：

第一步是通过化学反应将头发中的硫化健和氢健打破；

第二步是发芯结构重组并使之稳定。

（二）造型的概念

造型是指塑造人或物体的外观形象。它是根据对被设计者的个人特质的把握，通

过发型、化妆、服饰和体态等手段来塑造适合他（她）个人特征的美的形象。

二、烫发设计的质感分析

（一）质感的概念

质感是指物体表面形状或特定在视觉上的反映。

（二）质感的种类

头发的质感是由烫发时所用工具的形状来决定的，可分为曲线质感和有角度的质感两种。曲线质感的发型柔和，例如螺旋形、"S"形或"C"形；有角度的质感显动感，如三角烫、玉米烫。

发型师培养敏锐的观察能力可以增加对各种纹理变化的直接效果的理解。

（三）质感分析

在头发上，清洁、平整的头发反射的光是直的。在较活泼的头发表面上，光线会产生散射，比如卷曲型头发或静电烫处理过的头发。头发卷曲越紧，表面就越活泼，光线的散射现象就越强。

（四）质感的特点

质感特点是指质感突出的特性。当分析质感特性时，我们使用两个词汇——曲线质感和有角度质感。在任何一种情况下，质感都和选用工具的形状和大小有关。

1. 曲线质感。

曲线或圆圈质感要使用圆形，通常是圆柱形的卷发芯。卷发芯的直径越小，质感的效果就越活泼。卷曲形、波浪形和螺旋形都是曲线质感的不同形式。

2. 有角度的质感。

有角度的质感要使用扁平或三角形卷发芯。这样，每一丝头发都会产生引人注目的角度。这种质感最好用在中长或较长的头发上。一个发型设计中可全部也可部分使用有角度质感，或是与曲线质感和天然发型结合使用。

（五）质感的动感

质感的另外一个需要分析的方面就是质感的动感。通常用"速度"和"幅度"来形容动感的范围。纹理大的为"慢速"，纹理小的为"快速"。卷发芯的直径与质感的动感有直接的关系。让我们比较下列的圆圈质感。

下图我们可以看到圆圈质感的不同程度的动感。这些都是有不同直径的圆柱形卷发芯创造的。

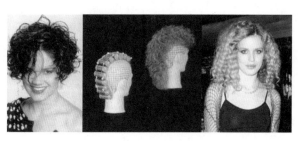

大直径的卷发芯能产生"慢速"的波浪。这种效果通常称为大波浪。大波浪质感只需要部分电烫就可以了，因为很容易与未烫的部分结合且结合得很好。

质感的动感

其形状往往是圆圈形的波浪形。

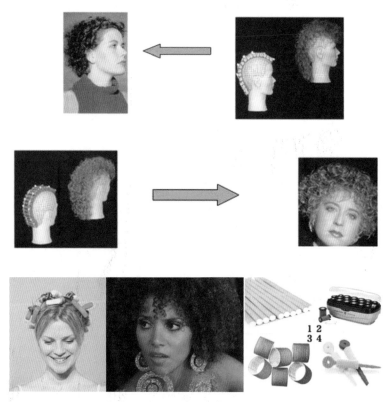

特比型卷发芯可用来产生各种不同的动感"速度"的纹理。这里介绍两种不同直径的螺旋形卷发芯及用之产生相应的质感。同样卷发芯的直径决定了最终的效果。

质感的深度

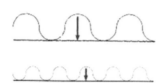

（六）头发长度的减少

由于使用电烫进行设计而形成的质感，其结果是导致头发的减少，牢记这一点是非常重要的，虽然头发的实际长度并未减少，但经过电烫处理产生了头发变短的错觉。为了准确预计头发缩短的长度，就必须首先搞清楚头发长度和卷发芯直径之间的关系。

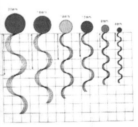

上面图片显示了一组长度相同的头发因采用不同直径的卷发芯出现的不同结果。

注意：随着卷发芯直径的变小，该缕头发的长度也逐渐变短。也就是说，电烫造型使头发看上去变短了。同时也请注意：头发裹绕圈数的多少会引起质感效果的不同。例如：在较短的头发上使用大号卷发芯会产生松软的波浪，而在较长的头发上使用同样的卷发芯则会产生起伏分明的波浪。

三、烫发原理

（一）烫发的概念

烫发是通过物理作用和化学作用使原来的头发变形和变性。

物理作用

就是将头发缠绕在烫发棒上，利用拉力使它形成一定的弯曲度，也就是给头发施加机械力。

化学反应

是指利用烫发药水中的化学成分使头发内部的结构重新排列，保持卷绕时所形成的卷曲，然后利用化学中和作用使烫发药水的作用停止，并将头发的卷曲状态固定下来。

（二）物理缠绕

烫发水第一剂（还原剂）进入头发，并将大约 45% 的二硫酸键切断，使之变成单硫键，头发纤维收到卷芯形状、直径、拉力等因素的影响发生挤压、变形、移动。

在第二剂（氧化剂）的作用下，这些头发纤维中的单硫酸键在新位置与另一个单硫键组成一组新的二硫键，使头发永久变卷。

四、烫发的基本面处理

（一）基面

1. 基面指在已划好的区域内进行再划分的区域，指烫发中分区分份的大小形状。基面的形状在卷发过程中要随之发生变化。

2. 在烫发中不同提拉角度上杠卷到发根时，杠子所压基面不同，所以效果也不同。

（1）0 度提升脱离基面，发根不直立，效果不蓬松。

（2）45 度提升脱离基面，发根不直立，效果不蓬松。

（3）90 度提升半压基面，发根直立，效果蓬松。

（4）135 度提升全压基面，发根直立，效果超蓬松。

（5）180 度提升全压基面，发根直立，效果因基面不同而不同。

3. 分份种类及效果

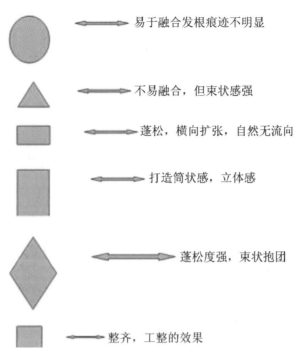

图形	效果
圆形	易于融合发根痕迹不明显
三角形	不易融合，但束状感强
横长方形	蓬松，横向扩张，自然无流向
竖长方形	打造筒状感，立体感
菱形	蓬松度强，束状抱团
正方形	整齐，工整的效果

（二）基面的形态

长方形

长方形区域由各个长方形基面或该区域组成。该区的宽度应等于所用卷发芯的长度。

长方形

斜长方形

圆弧形区域由各个斜长方形区域构成，每个基面有两条平行的边，但没有直角。

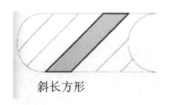

斜长方形

三角形

在三角形区域里，基面包括三角形和梯形。由于基面大小不一致因此要选用不同

长度的卷发芯。

圆形

圆形区域可划分为三个三角形基面，如区域扩大，外层区域则有梯形构成。

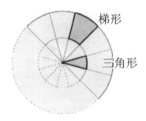

（三）基面的控制

1. 基面控制是指相对于基面的卷发芯的位置。提伸头发的角度直接影响到卷发芯的位置，而卷发芯的位置又影响到提起头发的数量和两个基面之间交融的程度。

2. 半基面控制要求把卷发芯直接放在基面的下分界处，卷发芯的一半处于基面之上，另一半处于基面之外。这种做法的好处是可以提起中等数量的头发并使卷发芯之间实现最大限度的融合。这样在烫发液发生化学作用的过程中，头发有足够扩展的空间。通常在这种情况下应用等直径基面。这也是烫发中最常用的一种方式。

（1）在该图的示范中采用的是等直径基面。以半基面操作为例，把头发从基面的中心向外成 90 度拉直。

（2）用重叠式卷发技术把头发裹起。上述角度自动地使卷发芯处于半基面状态。

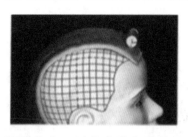

（3）注意应使基面处于提悬状态，用几个卷发芯练习这种技术直到熟练地掌握了提伸头发的角度。操作完以后，用胶针穿过橡皮筋加以固定。

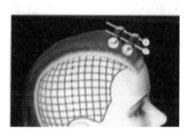

（四）基面处理形状

1. 基面上。

若采用卷发器于基面上，基面的大小只能采用等直径大小。卷发芯应置于基面上下两边的中间位置，以便获得最有力的支撑。因为该方法限制了头发在冷烫过程中的扩张，故操作中应尽量不要把头发裹得过紧。

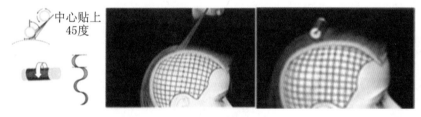

在等直径基面上，从基面的中心点把头发以 45 度角拉直。用重叠法把头发裹好。该角度使得卷发芯最后完全没有压在基面上。

2. 基面外。

这种方法要求把卷发芯完全置于基面之外，基面上提的幅度最小。此方法用在边缘部分效果最好，当然也可用在与未烫头发的结合处。

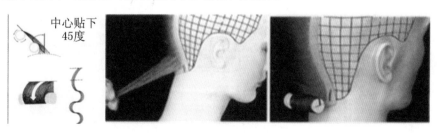

在这个角度上用重叠卷发技术卷动头发，在图例中用了一个倍半径的基面。最后卷发芯刚好固定在基面上。以基面的中心为准，把头发以 90 度角拉直。

3. 该方法要求至少应有一个倍半径的基面，一般用在边缘部分。卷发芯应置于下半部分以减少基面的上提。

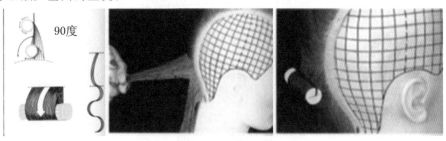

沿此角度用重叠法把头发裹好，卷发芯的放置方式有三种基本情形——水平放置、垂直放置和斜角放置。

最后卷发芯就固定在基面的下半部分。不同的放置方式影响到发型设计中头发的趋向，特别是在较短的头发上。

4. 基面处理。

A. 几何形状为梯形的区域有四条边，其中两条边互相平行。这种区域通常划在头的顶部或后部。

B. 长方形区域为四边形的几何形状，有两组相互平行的边。该区域统筹划在头部的前中心位置，也可以向头部中心延伸。

C. 三角形的区域有三条边。这种形状可在整个头部应用。

D. 三角形往往连在一起使用。两个三角形合在一起就产生了钻石的形状。在部分头发冷烫中可采用这种对应三角形划分方法或置放在交汇部分。

E. 圆形区域是一种封闭的几何形状，各点到中心点的距离相等。在烫发中通常使用半圆或四分之一圆的划分，余下部分交合其他几何形状。圆形区域的大小可以根据需要进行调整。

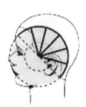

F. 椭圆形的区域实际上就是拉长的圆弧形，有两条平行边，一端呈凹面，一端呈凸面，这种形状可以置于头部的任何位置，椭圆形交替改变时就产生了波浪。

5. 基面的体积。

基面的体积是根据所用卷发芯的直径和长度来决定的。

五、烫发的技术步骤

烫发前应先对头发的发质、发量、发长、发色以及头皮状况进行检查和了解，再进行烫发的标准操作。

（一）诊断发质

根据发质情况正确选择冷烫精。

（N）碱性适中的烫发药水适用于正常发质；

（R）碱性偏重的烫发药水适合粗硬发质；

（O）弱碱性的烫发药水适用细软受损发质。

（二）选择杠具型号

根据头发的长度，所要卷曲的大小程度来选择不同的烫发杠。

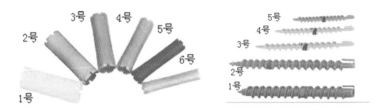

（三）烫前洗发

视顾客的发质选择合适的洗发水。

1. 健康头发建议不使用双效洗发水，不使用护发素，受损发质做烫前护理。

2. 烫发前洗发，切忌不能抓头皮，只能用指腹轻揉。

（四）剪发

根据发型设计要求，把头发修剪成型，剪去多余的头发。

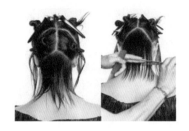

（五）分区卷杠

上卷根据设计进行合理分区，根据发型所需要效果，采取不同的角度，缠绕方式，分份方式。上杠时的拉力要均匀一致。操作时发片要梳直、梳顺，不能折叠发梢，保持发片的平整光滑。

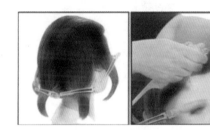
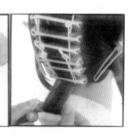

（六）涂烫发精

涂药水之前需将药水摇匀。药水要浸透卷杠且均匀饱和。健康发质或抗拒性发质可分两次施放，第一次施放以后等 5 分钟后再上一次，让头发能充分吸收冷烫精。

注意上软化剂时头发应当保持一定的湿度，水分过多会稀释软化剂，水分过少会阻止药水的渗透。

（七）停放时间

停放时间视发质、药性及所需发型来决定停放时间。

加热停放时间：

加热时间减半或减少 3/1（受损发质建议不加热），使用焗油机加热会影响烫发效果，因其水蒸气会稀释冷烫精的作用且受热不够均匀。冷烫精接触空气后，最长作用时间大约 45 分钟，故 45 分钟以后若未达到效果，需冲水，重新上药水。

当抗拒性发质达到正常软化时，可在软化时间上加多 3～5 分钟。

（八）试卷

在头部不同部位拆下卷杠两卷半，反推向头皮，观察卷曲度是否理想，有时也可拆下卷杠轻拉发片，看是否有弹性，达到理想效果即可。

（九）冲水

冲水时水的压力不宜过大，水的温度不宜过高，之后用干毛巾吸去水分。

（十）施放定型剂

施放定型剂时，滴落下来的液体不能重复使用；定型剂用量均匀饱和；定型时间不宜过长，参考时间为 15 分钟。

（十一）拆卷

拆开烫发杠时不要过分用力。

（十二）冲水

定型剂的作用时间到后，彻底冲水，做烫后护理，目的是为了去除冷烫药水所残留的化学成分，恢复头发的酸碱度，得到 pH 值的自然平衡，防止继续氧化而损伤头发。

第二节　烫发卷杠的排列方法及烫发流程

本节主要要求我们掌握十字、砌砖、扇形、定位烫排列的操作技巧及烫发流程，同时还要学会加色烫、螺旋式、锡纸式卷杠的操作技巧及流程。

一、十字排列的操作技巧及烫发流程

（一）十字排列卷杠操作技巧

1. 上杠角度、分片要求

a. 各区域发片提拉的角度 45°～120°。

1) 以尖尾梳分发线挑发片。

2) 厚度为卷杠直径的百分之八十。

b. 卷杠技巧

1) 发片由发根向发尾梳顺。

2) 固定角度。

c. 卷杠技巧

1) 冷烫纸以食指、中指夹住。

2) 卷杠置于发片下面。

d. 卷杠技巧

1) 发尾需完全卷入，不可压折，可利用尖尾梳勾入。

2) 将发尾紧紧包住。

e. 卷杠技巧

1) 旋转卷杠时，两手中心一致，同时卷至发根。

2）注意张力、角度的控制。

f. 橡皮筋固定

g. 橡皮筋内松外紧

2. 分区

3. 十字排列的卷杠步骤要求

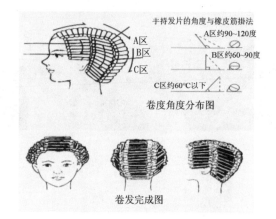

卷度角度分布图

卷发完成图

（1）预定分发线。

（2）顶前区角度 90°~120°。

（3）后部区域发片提拉角度 60°~90°。

（4）枕骨以下区域 45°~60°。

（5）耳后要对齐中排卷杠。

（6）对齐耳后卷杠。

（7）对齐耳后卷杠。

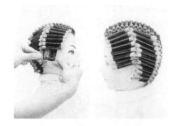

（8）最终效果图。

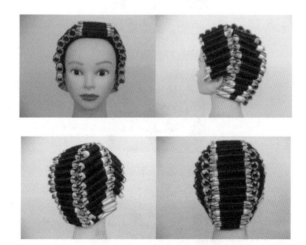

（二）烫发流程

1. 烫前洗发视顾客的发质选择合适的洗发水，受损发可做烫前护理。

2. 分区卷杠操作，在上杠时的拉力要均匀一致。操作时发片要梳直、梳顺，不能

折叠发梢。保持发片的平整光滑。

3. 正确选择冷烫精涂烫发精，涂药水之前需将药水摇匀。药水要浸透卷杠且均匀饱和。健康发质或抗拒性发质可分两次施放，第一次施放以后等 5 分钟后再上一次，让头发能充分吸收冷烫精。注意上软化剂时头发应当保持一定的湿度，水分过多会稀释软化剂，水分过少会阻止药水的渗透。

4. 停放时间视发质、药性及所需发型来决定。加热时间减半或减少 1/3（受损发质建议不加热），使用焗油机加热会影响烫发效果，因其水蒸气会稀释冷烫精的作用，且受热不够均匀。冷烫精接触空气后最长作用时间大约 45 分钟，故 45 分钟以后若未达到效果，需冲水并重新上药水。当抗拒性发质达到正常软化时，可在软化时间上加多 3～5 分钟。注意是否需要加热以产品说明为主。

5. 试卷方法：在头部不同部位拆下卷杠两卷半，反推向头皮，观察卷曲度是否理想，有时也可拆下卷杠轻拉发片，看是否有弹性，达到理想效果即可。

6. 冲水，冲水时水的压力不宜过大，水的温度不宜过高，之后用干毛巾吸去水分。

7. 施放定型剂，施放定型剂时，滴落下来的液体不能重复使用；定型剂用量均匀饱和；定型时间不宜过长，参考时间为 15 分钟。

二、砌砖排列的操作技巧及烫发流程

（一）砌砖排列的操作技巧

先从前额正中开始卷一个，接着第二层卷两个，随后第三层卷三个，依次逐层递增到头部最宽部位处。然后往下逐层递减，直到后发际线处。（见砌砖排列图）这种卷法能使头发更加蓬松，适合头发比较稀少的女性。

排杠公式：1－2－3－4－5－4－3－2－1－2－3－4－3－2－3－2－3－2

砌砖排列图

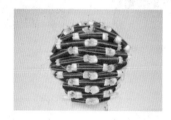

（二）砌砖排列烫发流程

1. 烫发前视顾客的发质选择合适的洗发水，受损发质可做烫前护理。

2. 卷杠。

先确定中心线，第一根卷杠正中间重叠于中心线上，上好第一根后第二层两根发杠呈"品"字排列卷，逐层向下排列（见下图）。

上杠时拉力要均匀一致。操作时发片要梳直、梳顺，不能折叠发梢，保持发片的平整光滑。

3. 选择冷烫精。

涂冷烫精之前需将药水摇匀，药水要浸透卷杠且均匀饱和。健康发质或抗拒性发质可分两次施放，第一次施放以后等5分钟后再上一次，让头发能充分吸收冷烫精。注意上软化剂时头发应当保持一定的湿度，水分过多会稀释软化剂，水分过少会阻止药水的渗透。

4. 停放时间。

视发质、药性及所需发型来决定，同时可参照药水说明书来操作。注意是否需要加热以产品说明为主。

5．试卷。

在头部不同部位拆下卷杠两卷半，反推向头皮，观察卷曲度是否理想，有时也可拆下卷杠轻拉发片，看是否有弹性，达到理想效果即可。

6．冲水。

冲水时水的压力不宜过大，水的温度不宜过高，之后用干毛巾吸去水分。

7．施放定型剂。

定型剂用量均匀、饱和，定型时间参照说明书，一般为 10～15 分钟。

8．拆卷。

拆开烫发杠时不要过分用力。从边缘开始拆卷，由下而上。

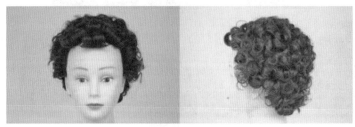

9．冲水清洗。

定型剂作用时间到后，彻底冲洗掉药水，清洗干净头发。

10．造型。

造型不要用高温，涂放保湿类造型品。

三、扇形排列的操作技巧及烫发流程

（一）扇形排列的操作技巧

1．分区。（如图 5.1 所示）

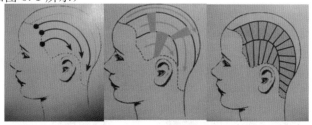

图 5.1　分区

2. 上杠排列。

将头部由前往后脑按十字排卷的分区方法分出中间一大区，然后按照十字排卷法，由前往后上杠。（如图 5.2 所示）

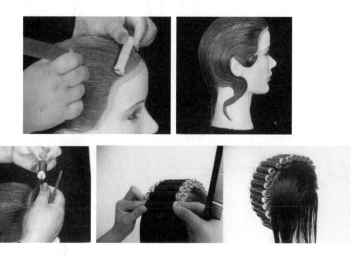

图 5.2 上杠方法

3. 两侧鬓角处上两个水平杠，然后由前侧开始斜卷，分三角发片提拉 90°角，竖着排卷至耳朵背后，耳背后水平排卷，两侧用相同的排卷手法完成。（如图 5.3 所示）

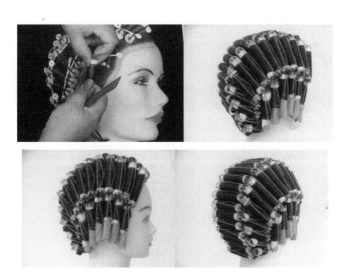

图 5.3 上杠排列

（二）烫发流程

1. 洗发。

视顾客的发质选择合适的洗发水，受损发可做烫前护理。

2. 修剪。

根据发型需要进行修剪。

3. 分区卷杠操作。

上杠时拉力要均匀一致，操作时发片要梳直、梳顺，不能折叠发梢，保持发片的平整光滑。

在上两侧区域时，略微呈三角形发片提拉卷杠与卷杠之间要紧凑。

4. 涂抹烫发药水。

涂冷烫精之前需将药水摇匀，药水要浸透卷杠且均匀饱和。健康发质或抗拒性发质可分两次施放，第一次施放后等 5 分钟后再上一次，让头发能充分吸收。注意上软化剂时头发应当保持一定的湿度，水分过多会稀释软化剂，水分过少会阻止药水的渗透。

5. 停放时间。

停放时间视发质、药性及所需发型来决定，同时可参考烫发药水产品说明书。

6. 试卷。

在头部不同部位拆下卷杠两卷半，反推向头皮，观察卷曲度是否理想，有时也可拆下卷杠轻拉发片，看是否有弹性，达到理想效果即可。

7. 冲水。

冲水时水的压力不宜过大，水的温度不宜过高，后用干毛巾吸去水分。

8. 施放定型剂。

施放定型剂时，滴落下来的液体不能重复使用。定型剂用量均匀饱和，定型时间不宜过长，参考时间为 15 分钟。

9. 拆卷。

拆开烫发杠时不要过分用力。

10. 冲水清洗。

定型剂的作用时间到后，彻底冲水，可做烫后护理，目的是为了去除冷烫药水所残留的化学成分，恢复头发的酸碱度，得到 pH 值的自然平衡，防止继续氧化而损伤头发。

11. 造型。

不要用高温造型，涂放保湿类造型品。

四、定位烫排列的操作技巧及烫发流程

（一）定位烫上卷操作技巧

1. 分区：无需分区。

2. 取发片：圆形、长方形、正方形、三角形等。

3. 提拉角度：90 度。

4. 烫发纸包法：采用对折包法。

（二）定位烫上卷操作步骤

1. 在"后顶穴"位置，取出一束发片。

2. 用烫发纸包住发片。

3. 用烫发纸包住发片。

4. 接着两手的拇指和食指捏住空心状的发片继续打圈至发根，采用"夹子"固定即可。

5. 排列可采取"放射状"或结合"砌砖式"。

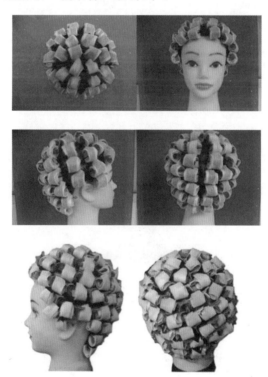

（三）烫发流程

1. 洗发。

视顾客的发质选择合适的洗发水，受损发可做烫前护理。

2. 修剪。

注意头发发长和发量的处理，过长和过多都会影响烫发效果。

3. 上卷。

发片要梳直、梳顺，不能折叠发梢。保持发片的平整光滑。站在对应的流向位置操作上卷。

4. 涂放药水。

涂放前需将药水摇匀，药水要浸透卷杠且均匀饱和。健康发质或抗拒性发质可分两次施放，第一次施放后等 5 分钟再上一次，让头发能充分吸收冷烫精。注意上软化剂时头发应当保持一定的湿度，水分过多会稀释软化剂，水分过少会阻止药水的渗透。

5. 停放时间。

停放时间视发质、药性及所需发型来决定，同时可参考烫发药水产品说明书。

6. 试卷。

可拆下发纸，看卷曲的弧度是否达到理想效果即可。

7. 施放定型剂。

施放定型剂时，滴落下来的液体不能重复使用，定型剂用量均匀饱和，参考时间为 15 分钟。

8. 拆卷。

拆开烫发纸时不要过分用力。

9. 冲水。

定型剂的作用时间到后，彻底冲水，做烫后护理，目的是为了去除冷烫药水所残留的化学成分，恢复头发的酸碱度，得到 pH 值的自然平衡，防止继续氧化而损伤头发。

10. 造型。

顺着流向造型，效果自然柔和。

五、加色烫卷杠的操作技巧及烫发流程

（一）加色烫卷杠的操作技巧

1. 杠具。

2. 分区：竖烫六大分区。

根据发型的不同，可在"竖烫"的六大分区基础上再把每个区分成两个小区，全头均匀的分出十二个小区。

3. 取发片：角度、厚薄、形状、划分线。

（1）发片角度：

45度角发片效果服帖、凝聚；

75度角发片效果自然柔和；

90度角发片效果发根直立、松散；

120度角发片效果发根蓬松、松散。

（2）发片厚薄宽度：通常根据发型的设计而定（烫到发根时发片取杠具的直径与半径之间，如果不烫到发根，发片可以取大过杠具的直径厚度），发片的厚薄与效果有密切的关系。

薄：卷发片时张力紧可塑性强、效果弹性较大。

厚：没有薄发片卷的紧，效果弹性较小。

（3）发片形状：十二分区取正方形发片、六分区取长方形发片。

（4）划分线：通常采用划分垂直线。

4. 卷杠方法。

—从发根卷向发尾

—从发尾卷向发根

（1）从颈背部取发片，用尖尾梳分出第一片发片，左手拇指和食指握住杠具的上端，其余手指扶稳杠具，将头发缠绕到杠具上，最后用橡皮筋固定。

（2）排列时可用中间往两边、两边往中间、一左一右根据设计而定。（如下图所示）

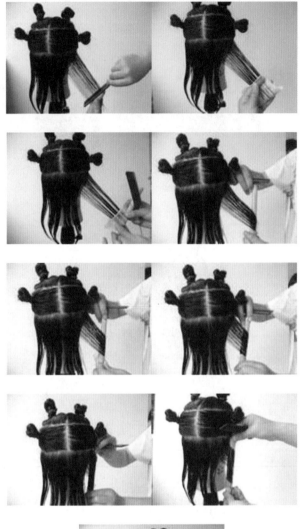

5. 卷杠排列效果图。

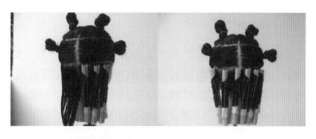

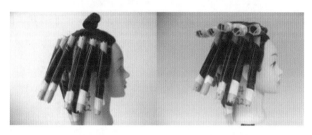

（二）加能烫烫发流程

1. 烫发前。

洗发视顾客的发质选择合适的洗发水，受损发可做烫前护理。

2. 分区卷杠操作。

上杠时拉力要均匀一致。操作时发片要梳直、梳顺，不能折叠发梢，保持发片的平整光滑。

上杠的技术要求：发片不起毛、不折角，卷杠与卷杠之间要紧凑均匀，注意卷杠方向与发型要求一致。

3. 选择冷烫精。

涂烫发精之前需将药水摇匀，药水要浸透卷杠且均匀饱和。健康发质或抗拒性发质可分两次施放，第一次施放以后等 5 分钟后再上一次冷烫精，让头发能充分吸收。注意上软化剂时头发应当保持一定的湿度，水分过多会稀释软化剂，水分过少会阻止

药水的渗透。

4. 停放时间。

停放时间视发质，药性及所需发型来决定停放时间。加热停放时间减半或减少 3/1（受损发质建议不加热）。使用焗油机加热会影响烫发效果，因其水蒸气会稀释冷烫精的作用且受热不够均匀。冷烫精接触空气后，最长作用时间大约 45 分钟，故 45 分钟以后若未达到效果，需冲水，重新上药水。当抗拒性发质达到正常软化时，可在软化时间上增多 3~5 分钟。是否需要加热以产品说明为依据。

5. 试卷。

在头部不同部位拆下卷杠两卷半，反推向头皮，观察卷曲度是否理想，有时也可拆下卷杠轻拉发片，看是否有弹性，达到理想效果即可。

6. 冲水。

冲水时水的压力不宜过大，水的温度不宜过高，后用干毛巾吸去水分。

7. 施放定型剂。

施放定型剂时，滴落下来的液体不能重复使用，定型剂用量均匀饱和，定型时间不宜过长，参考时间为 15 分钟。

8. 拆卷。

拆开烫发杠时不要过分用力。

9. 冲水。

定型剂的作用时间到后，彻底冲水。做烫后护理目的是为了去除冷烫药水所残留的化学成分，恢复头发的酸碱度，得到 pH 值的自然平衡，防止继续氧化而损伤头发。

10. 造型。

不要用高温造型，涂放保湿类造型品。

六、螺旋式卷杠的操作技巧及烫发流程

（一）螺旋式卷杠的操作技巧

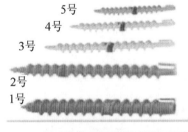

1．螺旋卷的类型。

（1）顺螺旋

发片顺螺旋：垂直取一束发片，从上顺着卷芯服帖地向下卷绕，可产生自然柔和的卷发效果，而且发尾松散自然，特别适合发尾厚重的发型。

扭绳顺螺旋：先把发束顺着一个方向扭成绳状，再向反方向从上向下卷发，可产生条状螺旋发卷（麻花卷）效果，发尾松散透气，特别适合发量多的长发。

（2）倒螺旋

扭转倒螺旋：从发尾开始卷发1～3圈后，边扭转发束边向上卷发，形成下端自然上部扭绳的效果，特别适合发尾修剪较轻薄或者发尾干燥受损的发质。

扭绳倒螺旋：与扭绳顺螺旋的效果差不多，唯一的区别在于发尾，倒螺旋的发尾卷度弹性好。

2．卷发时发片的厚度、卷芯的直径、卷发的位置与提升角度。

（1）发片的厚度

卷发时发片的厚度取决于烫后的蓬松度，发片越薄蓬松度越大而纹理杂乱，反之则越小而纹理整齐。

（2）卷芯的直径

卷芯的直径主要是视波浪的大小而定。直径较细的卷芯，烫出来的波浪宽度越窄，波浪的弹性越大；直径较粗的卷芯，烫出来的波浪宽度较大，波浪的弹性越小。

（3）卷发的位置

卷发的位置取决于头形的需要或发型效果的需要。卷发的位置越高，发根的蓬松度越大，对于发量少或头顶较尖、头形小的客人比较适合。卷发的位置越低，发根的蓬松度越小，整体的重力越轻，较易形成自然柔和的波浪效果，比较适合头形较大、发量较多的人。

（4）提升角度

提升角度的高低决定着整体轮廓的大小。提升角度越高，层次的落差大，形成较大的轮廓形状，对于发量较少的人比较适合。提升角度越低，层次的落差越小，形成较服帖的轮廓形状，对于发量较多的人而言则比较适合。除了角度的关系外，卷芯与发片的角度也是很重要的。

螺旋烫上杠示范图

取发片（可扭转）发片的厚度适中。

左手拿卷杆，右手持发片（可将头发扭转）从发根开始将发片绕在螺丝卷上。

卷至发尾时用烫发纸包住卷完，用夹子（锡纸）固定。

（二）螺旋式卷杠烫发流程

1. 烫发前。

洗发视顾客的发质选择合适的洗发水，受损发可做烫前护理。

2. 分区卷杠操作。

分区、分片准确，发片提升角度绕卷力度适当，卷位准确，无脱位毛发。操作姿势娴熟，卷位紧密无间、整齐均匀，发纸折包协调。

3. 选择冷烫精。

涂烫发精之前需将药水摇匀，药水要浸透卷杠且均匀饱和。健康发质或抗拒性发质可分两次施放，第一次施放以后等 5 分钟后再上一次冷烫精，让头发能充分吸收。注意上软化剂时头发应当保持一定的湿度，水分过多会稀释软化剂，水分过少会阻止药水的渗透。

4. 停放时间。

停放时间视发质、药性及所需发型来决定停放时间。加热停放时间减半或减少 1/3

（受损发质建议不加热）。使用焗油机加热会影响烫发效果，因其水蒸气会稀释冷烫精的作用且受热不够均匀。冷烫精接触空气后，最长作用时间大约45分钟，故45分钟以后若未达到效果，需冲水，重新上药水。当抗拒性发质达到正常软化时，可在软化时间上增多3~5分钟。注意：是否需要加热以产品说明为依据。

5. 试卷。

在头部不同部位拆下卷杠两卷半，反推向头皮，观察卷曲度是否理想，有时也可拆下卷杠轻拉发片，看是否有弹性，达到理想效果即可。

6. 冲水。

冲水时水的压力不宜过大，水的温度不宜过高，后用干毛巾吸去水分。

7. 施放定型剂。

施放定型剂时，滴落下来的液体不能重复使用，定型剂用量均匀饱和，定型时间不宜过长，参考时间为15分钟左右。

8. 拆卷。

拆开烫发杠时不要过分用力。

9. 冲水。

定型剂的作用时间到后，彻底冲水。做烫后护理目的是为了去除冷烫药水所残留的化学成分，恢复头发的酸碱度，得到pH值的自然平衡，防止继续氧化而损伤头发。

10. 造型。

不要用高温造型，涂放保湿类造型品。

特点：烫出具有条束感极强的螺丝状波纹。

七、锡纸烫卷杠的操作技巧及烫发流程

（一）锡纸烫卷杠的操作技巧

1. 杠具（锡纸烫的主要工具是锡纸）。

2. 无须分区。

取发片：正方形蓬松，圆形融合，梯形动动感，三角形强烈立体感。

3. 锡纸烫卷杠要领。

（1）在"相应"位置，取出一束发片。

（2）将发片（可扭转）放入锡纸内对折包好。

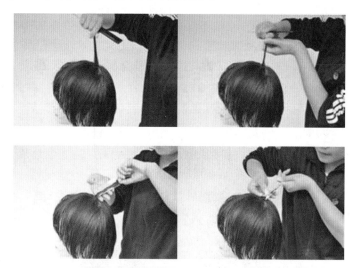

（3）左手拇指和食指捏紧发片的发根部位。

（4）左手拇指和食指捏紧发片的发根部位，右手将包好的发片从发根开始，采用拧转手法。从发根拧至发片尾端完成作业（发片的大小根据设计而定）。

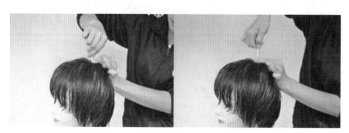

（5）从发根拧至发片尾端完成作业（发片的大小根据设计而定）。

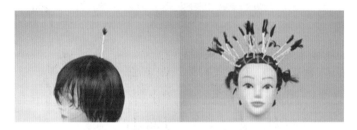

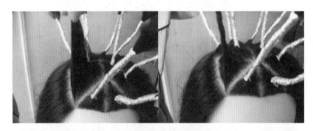

（二）锡纸烫烫发流程

1. 烫发前。

洗发视顾客的发质选择合适的洗发水，受损发可做烫前护理。

2. 卷发束。

发束扭成绳状后用锡纸包好，按扭绳方向拧紧，不折角，可留出发尾不拧，也可全拧。也可将头发与锡纸包好一起拧紧。排列可采取"放射状"或"砌砖式"。

3. 涂抹冷烫精。

锡纸烫属于药卷法的一种，如果个人操作熟练速度快，可先涂抹全头药剂进行扭转，若是不熟练速度慢，最好选择一片一片涂抹药剂扭转操作，或者全部卷发完成后再用注射器注射冷烫精。

4. 停放时间。

停放时间视发质、药性及所需发型来决定。

5. 试卷。

拆下一束看卷度，发束扭转不会弹即可。

6. 施放定型剂。

施放定型剂时用另一只注射器注射定型剂，定型剂用量均匀饱和，参考时间为 15 分钟。

7. 拆卷。

拆开锡纸用反方向扭转两圈即可，马上回扭发束。

8. 冲水。

定型剂的作用时间到后，彻底冲水，做烫后护理，目的是为了去除冷烫药水所残留的化学成分，恢复头发的酸碱度，得到 pH 值的自然平衡，防止继续氧化而损伤头发。

9. 造型。

可以用发蜡也可使用保湿产品造型。

八、空气灵感烫的操作技巧及烫发流程

（一）空气灵感烫的操作技巧

1. 什么是空气灵感烫。

空气灵感烫是一种烫发中的上杠手法，利用此种手法可以达到方便打理的特点，花形体现的是优雅蓬松与浪漫风格。

花形主要是以"C 形、S 形、半 S 形"，在发型中体现它的花型美感，所以在操作中只要我们掌握八种上杠手法与技巧，就可以根据发型想要的效果去帮助发型完成另一次的塑形，主要体现线条、透空及发尾的飘逸感。

2. 空气灵感烫中使用的工具。

空气杠具：超出 20 毫米以上的圆形杠具都可以称之为空气灵感杠具。

使用发芯
29mm
26mm
23mm

3. 分区。

（1）采用标准烫分区。

（2）由"U"字线和水平线组成。

（3）由"U"字线和"V"字线组成。

4. 发片。

可取斜向前式或斜向后或水平的发片。

内斜——前低后高划分线——斜向前分片线——纹理流向向前

外斜——前高后低划分线——斜向后分片线——纹理流向向后

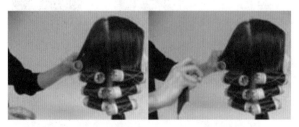

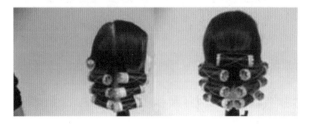

（二）空气灵感烫的操作程序

1. 洗发。

单一洗发水，不可抓洗头皮。

2. 烫前修剪。

3. 卷杠。

（1）设计纹理。

（2）分区。

注意：头发控制在七成干。

4. 涂放药水（根据发质选择药水）。

5. 停留时间（发杠大停留时间要长）。

常温下 30 分钟，加热减少 5～10 分钟。

6. 检查头发弹性（内层）。

7. 冲水。

8. 涂放 2 号药水（定型）。

9. 停留 10 分钟左右。

10. 冲水。

11. 烫后修剪造型。

第三节　热　　烫

本节主要让我们了解热烫，掌握热烫的上杠方法，操作技巧和所需要注意的事项。

一、热烫概念

热烫就是首先用阿莫尼亚打开毛鳞片，之后用乙硫醇酸进入头发皮质层切断二流化物键，再加热利用高温使氢键产生记忆，来达到花型的卷度和形态，然后利用定型剂的溴酸钠和过氧化氢来重组二流化物键达到最终效果。

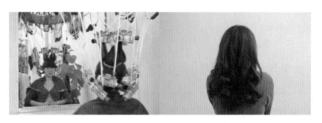

二、热烫上杠的排列方法

（一）上杠角度控制与技巧

在烫发里所指的角度是一片头发的角度以整个发片当中最中心的那根头发从原地提拉为标准，45°为一个台阶。

1.0°——烫不到发根，纹理不容易散开。

2.45°——纹理不易散开，在烫发时在头部的后枕区使用较多。

3.90°——在顶区和烫松发根时用得最多，烫完效果弹性较好纹理自然。

4.大于90°——有凹陷的地方或发量少的客人使用较多。

（二）烫发的排卷方式

蛇仔（竖列）、"s"形、十字（普通）、砌砖（品字）、扇形（圆形）。

1.顶部方形烫发。

（1）结构：方形

（2）卷芯：1.2厘米

（3）手法：半扭转

（4）提升角度：45°和90°

（5）方向：往内、往外

（6）烫发长度：底层保留发根，顶部烫到发根

（7）发片：三角发片

（8）分区：根据所需效果分区

2.倒三角形烫发。

（1）结构：斜方、倒三角

（2）卷芯：1号、2号

（3）手法：平卷、螺旋

（4）提升角度：底层 45°逐层提升顶部 90°

（5）方向：往内

（6）烫发长度：底部保留发根，顶部烫到发根

（7）发片：方形、三角形

（8）分区：根据所需效果分区

（9）效果：随意、自然

3. 锥形烫发。

（1）结构：锥形结构

（2）卷芯：1 号

（3）手法：缠绕、螺旋、平卷

（4）提升角度：底部 45 度，顶部 90°

（5）方向：往外、往内

（6）烫发长度：底层保留发根，顶部烫到发根

（7）发片：方形、三角形

（8）分区：根据所需效果分区

（9）效果：蓬松自然、有方向感

4. 圆形烫发。

（1）结构：圆形

（2）卷芯：1.5cm

（3）手法：平卷

（4）提升角度：90°

（5）方向：往内

（6）烫发长度：烫到发根

（7）发片：方形、梯形

（8）分区：根据所需效果分区

（9）效果：蓬松、饱满

图例：

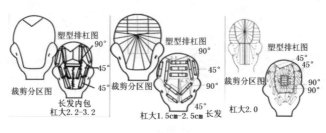

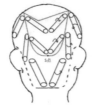

杠具：2.2～3.0 为佳

发根：5～15 厘米不上杠为佳

发尾：3～5 厘米不上杠为佳

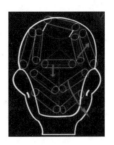

实例上杠效果图

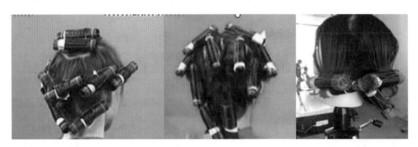

三、热烫的操作技巧

（一）交流

观察发质，诊断分析（正常发质，受损发质，严重受损发质）。

（二）清洗头发

请勿抓伤头皮，以清水冲净，用毛巾吸到不滴水，用吹风机吹至八九成干。

（三）涂放氨基酸加温

受损发、重受损发，涂放氨基酸加温 5 分钟，不冲水。

（四）涂放 2 号软化剂（依发质选取适当的软化剂）

抗拒发质：20 分钟检查；

正常发质：15 分钟检查；

受损发质及严重受损发质，不可离开顾客应随时观察，尤其发尾部分，不可焦掉，大约四分钟开始检查。

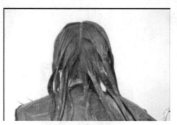

（五）测试软化程度（软化程度：六七成，拉起来很有弹性）

（六）冲洗

完全冲净，用毛巾拭到不滴水，不可用密梳梳理头发，用少许护理剂均匀涂抹，用手把头发理顺后，再用宽齿梳梳理。

（七）分好区块以及杠的大小

依设计理念，分好区块以及杠的大小，上杠不可折尾，发片缠卷要平整，张力要足，橡皮筋不可压死发片。杠子不超过 15 个。

（八）加热

1. 抗拒发加温 15 分钟，冷却，再加热 10 分钟，到干燥为止；
2. 正常发加温 15 分钟，冷却，风干到干燥为止；
3. 受损发质加热 10 分钟，冷却，风干到干燥为止；
4. 用吹冷热风交替对着每一发杠吹，让头发收缩，有助于热塑成型。

（九）定型

分两次上 2 号剂，有助于定型效果，全程 15 分钟。

（十）拆杠时

根据卷杠方向，旋转拆杠，不可直接拉扯拆杠。

（十一）冲水（温凉水 35℃~37℃）

用毛巾包住水龙头，不可用强水冲洗尚未稳定的卷曲度。冲水之后，用毛巾擦拭到不滴水，请勿用洗发水或水疗素等任何产品。

（十二）吹干

风罩（温凉风）吹到九成干；吹干之前，先喷雾保湿和锁水。

四、热烫的烫发流程

（一）交流

观察发质，诊断分析。

（二）洗头

不能抓头皮，用单一洗发水，温水洗发，打开头发毛鳞片。

（三）修剪头发层次

（四）涂抹烫前护理（按发质而定、按药水而定）

（五）涂抹 1 号药水（按设计而定）

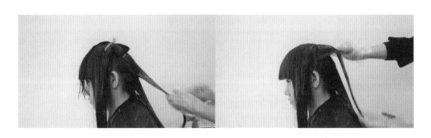

1. 不同发质分段涂抹，先涂抹健康发质后涂抹受损发质。

2. 发卷烫到什么地方，药水就应涂抹在什么地方，若要烫到发根，要离发根3～4厘米，若离发根太近，根部就没有支撑力，到头顶采用十字交叉手法，防止压根。

3. 上1剂时，先将头发以十字分区方式，由后部第一片发片以90度及90度以上的角度涂放1剂，但涂放时需先用梳子把头发或发片梳顺梳通透。

4. 涂完1剂后用保鲜膜全部包好，周围一定要包紧，但不能用力压，防止头发水分流失。

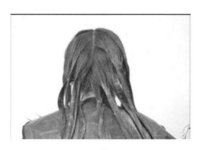

（六）检测软化程度

根据预先测试发质受损程度的标准，判断软化、检查软化。具体方法：

1. 拉出来是原来的2倍，弹回去有小锯齿，并且缩回的时间也是拉出的2倍。

2. 拉出2倍恢复不了（极度受损和幼细的发质是此效果）。检测软化时，取4个部位（1枕骨、2两侧区、3冠顶区）的头发按检查数量并以左右双手食指缠绕方式，用力拉出，看软化效果，软化到位，冲水，不够时继续停留，直到软化好为止。

（七）喷水，梳顺头发

（八）冲水

水温尽量的低，大约10℃～20℃，水压不能过大。

（九）分区、上杠

防止橡皮圈压发根。

1. 上杠前，应先把所有需用杠具都试热好。

2. 根据头发长度选择最佳杠具型号。

陶瓷烫：上发卷用隔热棉包住，后再加发夹，并用吊钩吊好。

数码烫：上发卷直接用橡皮筋固定

（十）插电加热

做好隔热措施（依据发质和药水设定时间）

1. 检查每个杠是否通电。

2. 温度：

抗拒发质：用机器高温。

正常发质：用机器中温。

受损发质：用机器低温。

3. 时间：

抗拒发质：20分钟左右。

正常发质：15分钟左右。

受损发质：12分钟左右。

陶瓷机：加热5分钟——冷却——加热5分钟。

数码机：加热25分钟。

（十一）加热完成后

拔掉插头，涂抹PPT平衡液的情况依据药水而定。

（十二）等待杠子冷却

处理好发根折印的地方（用棉签或多卷半圈）。

（十三）冷却上定型（完全冷却后，拆隔热杠后再上定型）

1. 上定型之前需先拆隔热杠并调整橡皮圈之后再上定型。

2. 上二次定型水，上完第一次，中间停留5分钟再重复一次。

（十四）拆卷、冲水、涂放护发用品

（十五）造型、修剪（纹理化）

五、热烫的注意事项

（一）软化

软化时，将烫发剂涂抹到头发需要烫的部位，然后可以多上 1～2 圈杠。

（二）软化冲水

1. 低温：冲水和乳化两大程序，水温控制在 28℃ 以下。
2. 低压：水压过大会使错位的毛鳞片冲坏。
3. 干净：冲水时要彻底冲掉残留的软化剂，否则后果不堪设想。
4. 顺畅：冲水和乳化时要用手带顺头发，使毛鳞片顺畅。

（三）排杠

1. 检查杠子，确定每个杠子都是正常的，一分钟预热时间。
2. 根据发型标准以及发质状况选择卷杠方式配合适当的卷杠型号。
3. 卷杠前全头涂抹烫中护理剂，受损部位和发尾量多，健康部位量减少。
4. 掌握好头发湿度，并保持卷杠的过程中湿度一致。
5. 受损发尾不能直接接触发杠，卷杠时力度要均匀，抗拒发质力度大，受损发质力度小。
6. 掌握好头发湿度，并保持卷杠的过程中湿度一致。

（四）上棉垫和隔热垫

1. 上棉垫：不能逆着卷度方向要顺着卷度方向。

2. 每个发杠下面必须放隔热垫或烟花杠，重要部位加倍，同时用牙签挑起橡皮筋。

3. 每个发杠之间不宜靠的太近，以便留些空隙散热。

（五）加热

1. 认真、仔细、负责。机器定期检修。

2. 不同发质采用不同加热时间和频率。

（不能只依靠加热时间来判断，加热过程中可以用手触摸头发是否加干。）

3. 严禁一次性加热，这样头发损伤很大。

4. 注意观察八九成干，要用余温加热。

发质	温度	时间（分）
抗拒	140℃	加热 7 分钟，冷却 2 分钟，再加热 5 分钟…… 即使用 7、2、5、2、5……的加热冷却顺序。
健康	140℃	同上
一般受损	120～130℃	3、2、3、2、3……
极度受损	80～110℃	2、2、2、1、2、1……

（1）防止杠具烫到头皮、耳朵。

（2）检查杠具和机器是否加热正常。

（3）加热时间概念要强，不能随便离开顾客。

（六）定型

1. 定型时间。

（1）粗硬发质 15 分钟。

（2）一般受损 10～12 分钟。

（3）极度受损 8～10 分钟。

2. 不要加热，定型时间过长头发会发毛。

（七）拆杠、冲水

1. 拆杠前用毛巾吸干，再按顺序由下至上不破坏卷度、轻柔地拆出。

2. 水温不能太高，水压不要太大（客人能接受之情况下水温可稍冷）。

（八）烫后保养

勿用密齿梳梳理头发打理造型。

第四节　离　子　烫

本节讲述了离子烫的操作技巧，并让我们了解离子烫的一些操作的流程，还要求掌握在离子烫中应该注意哪些事项。

一、离子烫的操作技巧

（一）发质诊断

发质：粗硬，抗拒性，中性，细软，受损，自然卷发。

注意：头发太过稀少、超短、严重受损、头皮有皮炎、伤口和过敏史者不宜做离子烫。

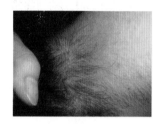

（二）烫前冲洗

1. 使用单效洗发水，冲洗过程切勿抓伤头皮。

2. 洗净头发吹至八九成干，由下向上水平分出发片，厚度一寸左右，发根留出1.5厘米涂上1号剂（软化剂）发杆——发尾。

发质	1号剂	3号护理剂
抗拒性	100％	0
健康性	80％	20％
一般受损	60％	40％
极度受损	50％	50％

（三）涂放软化剂

从离发根 1.5 厘米处涂放药剂，用梳子梳顺，使药剂均匀分布于发中及发尾。（不要涂抹到发根）

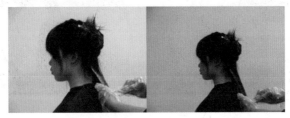

1. 正常及抗拒发质约 20～30 分钟或作第二次软化。

2. 受损发质约 10～15 分钟即可。

3. 烫、染后的头发发尾干燥需作分段软化。即应先软化健康发质，软化时间约 10～25 分钟，后再作发尾受损发质的软化约 10～15 分钟即可。

4. 发尾特别干燥时，亦可将活性蛋白抗热凝胶（第 3 剂）抹少许于发尾后再上软化剂（第 1 剂）。

（四）软化检验

软化时间视发质而定。

1. 从涂完第一剂的第 5 分钟开始，先从最早涂的部位开始测试。取一小束头发（约 10～15 根），用纸擦掉头发上的第一剂，将头发缠在手指上，轻轻拉，如果头发被拉断，说明软化不足；如果能轻松拉长一倍，而且能像橡皮筋一样有弹性，并且回弹自如，说明软化成功；用同样的方法对每个部位进行测试，如果先涂的部位已经软化，而后涂的部位还不能软化时，可给软化好的部位喷上清水，用毛巾擦掉第一剂，反复几次。

2. 取 10～20 根头发，用手指打一个空心卷，放在手心，通过手指的触摸和手的轻微的颤抖，没有明显反弹的，表明软化成功。在软化的时候首先要看顾客是否有新生

发，如果新生发超过二寸的时候，就要先涂抹新生发，当新生发软化至七成左右的时候再涂抹受损发，并且要注意发尾，特殊情况除外，有顾客的头发极度受损的时候要根据情况处理，不要一味地照搬。

（五）冲水

1. 卧洗时注意头部接触头枕的部位应冲洗干净。

2. 切不可使用洗发水。

3. 使用 C 剂平衡护发素，涂抹于头发上，按摩约 2～3 分钟后，再予以冲洗干净。

4. 冲洗完成之后将头发吹至九成干。

（六）夹烫头发

1. 均匀涂放少许抗热油（健康发质可以不用）。

2. 根据发质状况选择夹板的温度。受损发质 140℃、正常发质 160℃、抗拒发质 180℃。

3. 注意每片发片宽度与厚度，宽度适中，厚度 1～2 厘米。

4. 注意夹板与发片的角度，发片落下角度。

（1）夹板与发片的角度可以稍微加一点点角度，不过角度不宜过大，否则会使头发蓬松，有一点点角度可以把头发的一些毛起的发尾扣下去。发片的落下角度：90－75－50－45－30－0 度。

（2）夹板拉直的要点：分片均匀；拉力适中；速度先慢后快。出现问题的部位大多为发尾，拉到发尾时，速度适当的快些，次数少些。

（七）涂放定型剂

夹过头发后自然冷却，停至 10 分钟左右，再上定型剂。

1. 涂放必须均匀透彻。

2. 等待定型时，应保持头发自然下垂，每根发丝笔直。不可折压头发。

3. 停放时间应以厂商说明为准，一般为 20 分钟左右。

（八）烫后冲洗

1. 用 2 分钟时间将全头冲洗一遍。

2. 冲洗时切勿折压头发。

3. 将中和剂洗完后再加 C 剂护发素，按摩约 2～3 分钟后冲洗干净。

4. 再次吹干拉直，并视情况做相应处理。

二、离子烫操作流程

（一）发质诊断

发质：粗硬、抗拒性、中性、细软、受损，自然卷发。

注意：头发太过稀少、超短，严重受损，头皮有皮炎、伤口和过敏史者不宜做离子烫。

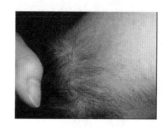

（二）烫前冲洗

使用单效洗发水，冲洗过程切勿抓伤头皮。

（三）涂放软化剂

洗净头发吹至八九成干，由下向上水平分出发片，厚度一寸左右，发根留出 1.5 厘米涂上 1 号剂（软化剂）发杆——发尾。

发质	1 号剂	3 号护理剂
抗拒性	100％	0
健康性	80％	20％
一般受损	60％	40％
极度受损	50％	50％

1. 涂放软化剂的动作应迅速利落，尽量缩短时间差。
2. 涂放软化剂时候需顺头发生长或发型设计方向涂放。

（四）软化

1. 可用保鲜膜轻轻覆盖于头发表面，使药水不干燥。
2. 软化过程可加热，也可不加热。如遇抗拒性天生自然卷曲的头发，可适当加热。
3. 软化时间视发质而定。

（五）软化检验

软化时间视发质而定。

1.从涂完第一剂的第 5 分钟开始，先从最早涂的部位开始测试。取一小束头发（约 10～15 根），用纸擦掉头发上的第一剂，将头发缠在手指上，轻轻拉，如果头发被拉断，说明软化不足；如果能轻松拉长一倍，而且能像橡皮筋一样有弹性，并且回弹自如，说明软化成功；用同样的方法对每个部位进行测试，如果先涂的部位已经软化，而后涂的部位还不能软化时，可给软化好的部位喷上清水，用毛巾擦掉第一剂，反复几次。

2.取 10～20 根头发，用手指打一个空心卷，放在手心，通过手指的触摸和手的轻微的颤抖，没有明显反弹的，表明软化成功。在软化的时候首先要看顾客是否有新生发，如果新生发超过二寸的时候，就要先涂抹新生发，当新生发软化至七成左右的时候再涂抹受损发，并且要注意发尾，特殊情况除外，有顾客的头发极度受损的时候要根据情况处理，不要一味地照搬。

（六）冲水

1.卧洗时注意头部接触头枕的部位应冲洗干净。

2.切不可使用洗发水。

3.使用 C 剂平衡护发素，涂抹于头发上，按摩约 2～3 分钟后，再予以冲洗干净。

4.冲洗完成之后将头发吹至九成干。

（七）夹烫头发

1.均匀涂放少许抗热油（健康发质可以不用）。

2.根据发质状况选择夹板的温度。受损发质 140℃、正常发质 160℃、抗拒发质 180℃。

3.注意每片发片宽度与厚度，宽度适中，厚度 1～2 厘米。

（八）涂放定型剂

1.涂放必须均匀透彻。

2. 定型时，应保持头发自然下垂，每根发丝笔直。不可折压头发。

3. 停放时间应以厂商说明为准，一般为 20 分钟左右。

（九）冲水洗护

不用洗发水，用 3 号剂拉柔 3～5 分钟后冲洗吹干（八成干）。

最好用夹板再夹一次（分片可厚点）效果更佳。

烫前效果　　　　　　　　　烫后效果

三、离子烫的注意事项

（一）离子烫操作注意事项

1. 头发太过稀少、超短，严重受损，头皮有皮炎、伤口和过敏史者不宜做离子烫。

2. 涂放软化剂应从离发根 1～1.5 厘米处涂放，不能触及头发、皮肤，否则将造成头发断裂、压死发根、刺激皮肤等后果。

3. 用梳子梳顺，使药剂均匀分布于发中及发尾。（不要涂抹到发根）

4. 涂放软化剂的动作应迅速利落，尽量缩短时间差。涂放软化剂时候需顺头发生长或发型设计方向涂放，当发片产生间隙时可在涂放后用宽齿梳重新梳匀。

5. 冲洗软化剂以及定型剂时切勿使用洗发水，否则将会使发质更受损。

6. 夹烫时注意头发的自然流向、发型的走向，避免烫后发尾毛躁、头发蓬松、不服帖。

（二）离子烫日后护理的注意事项

1. 72 小时内切勿沾水，若不小心弄湿，应立即吹干。

2. 一星期内不可夹发夹、束发、盘发，不能将侧发夹在耳后。

3. 半个月内不可染发。

4. 须使用专业洗护产品。

5. 定期为头发做护理。

第六章

漂染

学习目标

通过学习，让学生掌握染发和漂发的相关理论，并能以理论指导进行漂染的具体操作，为发型设计出理想的颜色与造型。

内容概述

本章主要是分析、讲解颜色的概念和基本特征，染膏的种类和双氧乳的选择，染发的设计元素和设计原则，染发设计的 12 种操作程序与方法，染发的状况分析及颜色的纠正，漂发的原理、目的，准备、操作方法及种类及操作等内容。

染发和漂发的制作与设计是一门实践性很强的技术，是一门需要不断实验和操作的综合学科。通过本章节的学习，使每位学生都具有一定的漂发、染发的理念，结合市场变化，不断更新信息和技术，让每位学生创造出既符合个人风格又与时尚前沿接轨的发型色彩。

第一节　颜色的概念

本节的主要内容是学习染发颜色的调和及色彩的搭配，这也是本章节的学习目的。其中涉及颜色的概念，形成原理，颜色的基本特征，头发颜色的形成原理，常见颜色及其寓意等基本知识点。

只有掌握了理论知识，才能在实际操作运用中有所依据。在实践中再总结经验，为理论知识增加新的内容。在这种理论与实践中不断地反复学习，才能更好的达到学习目的。

一、颜色的概念

颜色是通过眼、脑和我们的生活经验所产生的一种对光的视觉效应。人对颜色的感觉不仅仅由光的物理性质所决定，比如人类对颜色的感觉往往受到周围颜色的影响。有时人们也将物质产生不同颜色的物理特性直接称为颜色。

光线来自不同的波长，人的眼睛只能看到可见光，当可见光的光波刺激视网膜的圆锥体时，人就可以感觉到光与色。

二、颜色的基本特征

（一）颜色分为两大类：非彩色和彩色

非彩色是指黑色、白色和在这两者之间深浅不同的灰色。它们可以排成一个系列，由白色渐渐到浅灰、中灰、深灰直到黑色，这叫作黑白系列或无色系列。可用一条垂直线代表，一端纯黑，一端纯白。灰色是不饱和色，黑白系列的非彩色的反射率代表物体的亮度，反射率越高越接近白色；反射率越低时，接近黑色。

彩色系列或有色系列是指除了黑白系列以外的各种颜色。要确切的说明某一种颜色，必须考虑到颜色的三个基本特征：色调、饱和度和明度。这三者在视觉中组成一个统一的视觉效果。（注：非彩色只有明度的差别，而没有色调和饱和度这两种属性。）

（二）颜色的三个等级

一等色（原色）

任何颜色均由红、黄、蓝三种颜色混合成，所以称红、黄、蓝为颜色的主色。

二等色

将等量的红色＋黄色即变成橙色。

将等量的蓝色＋黄色即变成绿色。

将等量的红色＋蓝色即变成紫色。

所以我们称橙色、绿色及紫色为颜色的二等色。

三等色（调和色或互补色）

将等量的一等色及二等色混合即成棕色，称为三等色或调和色。一个专业化的美发师除了能了解如何混合颜色创造新的颜色外，更需知道如何中和及调整颜色，还需知道色度、色调等问题。

（三）色素粒子

头发的色素粒子，称为麦拉宁色体，头发的颜色与遗传有密切的关系，当毛乳并没有的麦拉宁色素体长到毛囊时即开始呈颗粒状。若您细心的观察会发现整头的头发颜色并不会完全一样，因黑、褐、红、黄四种色素粒子分布的不同，常导致头发的颜色有些微的不同，黑色及棕色的色素粒子通常分布较不规则，同时粒子也稍大。红、黄色素粒子较规则，且粒子较小（并含铁）。

（四）色调

颜色的冷暖称为色调。

含红、黄的色素粒子称为暖色调。

不含红、黄的色素粒子称为冷色调。

（五）色度

颜色的深浅称为色度。

三、常见颜色及其代码

（一）常见颜色

1. 三原色	红色（red）	蓝色（blue）	黄色（yellow）
2. 三间色	紫色（purple）	绿色（green）	橙色（orange）

3. 色系

暖色系	红色（red）	黄色（yellow）	橙色（orange）
冷色系	蓝色（blue）	绿色（green）	紫色（purple）
中色系	白色（white）	灰（gray）	黑色（black）
互补色	红色与绿色互补	蓝色与橙色互补	紫色与黄色互补

（二）颜色的寓意

红色（red）热情，活泼。容易鼓舞勇气，西方以此作为战关象征牺牲之意，东方则代表吉祥、乐观、喜庆之意。

橙色（orange）时尚，青春，活力四射。炽烈之生命，太阳光为橙色。

蓝色（blue）宁静，忧郁，自由，清新。欧洲作为对国家之忠诚象征。

绿色（green）清新，希望。代表安全、平静、舒适之感，在四季分明之地方，如见到春天之树木有绿色的嫩叶，看了使人有新生之感。

紫色（purple）神秘，高贵，庄严。一般人喜欢淡紫色，有愉快之感，青紫一般人都不喜欢，不易产生美感。紫色有高贵高雅的寓意，神秘感十足。

黑色（black）深沉，庄重，无情色，神秘之感，沉虑，如和其他颜色相配合则含有集中和重心感。

灰色（gray）高雅，简素，简朴。代表寂寞、冷淡、拜金主义，灰色使人有现实感。

白色（white）明快，无瑕，冰雪。无情色，表纯洁之感，及轻松、愉悦，浓厚之白色会有壮大之感觉。

粉红（pink）可爱，温馨，娇嫩，青春，明快。

黄色（yellow）东方代表尊贵、优雅，西方基督教以黄色为耻辱象征。

棕色（brown）代表健壮，与其他色不发生冲突。有耐劳、暗淡之感情。

（三）发染颜色基本原理

1. 染色：改变头发颜色的过程。
2. 脱色：将头发中天然色素漂白褪色的过程（又称漂色）。

3. 洗色：将头发中人工色素漂白褪色的过程。只有在深染浅，而又无法一次完成时，才会用到洗色。

洗色则是指利用漂白剂对头发进行褪色。头发的色素中蓝色是深色，红色是中等色，黄色是最浅色。头发中最深的颜色最先被洗掉。因为颜色越浅其色素粒子体积越小，其色素粒子在皮质层中的数量越多，能进入到皮质层的越深部位。所以洗色的过程中头发的颜色是渐进慢慢变化的。

1	2	3	4	5	6	7	8	9
蓝	蓝紫	紫	紫红	红	红橙	橙	橙黄	浅黄

4. 补色：针对发根新生发的染发技巧。

5. 改色：将头发的颜色改深或改浅的过程。

6. 原色：染发前头发的颜色。

7. 目标色：你想要染的最终颜色。

8. 基色：构成头发或染发品中颜色深浅的基本颜色。在染膏中 0/00、1/00、2/00……都称为基色。

9. 色度：头发颜色的深浅程度。

10. 色调：头发颜色在视觉上的感觉。

11. 初染：第一次染发。

第一次染发（原生发）当面对第一次染发的原生发时，应从底部开始向上涂抹至顶部，因为人的体温最好是顶部，所以需预留出顶部至前额的 U 型区离发根 2 厘米距离的头发，避免同时涂上染膏（发尾可以先涂上染膏），因为体温相差太大会造成头顶的发根部分有明显的色差。当涂完后，（除了头顶发根 2 厘米外），过大约 10 分钟，才把头顶 U 型位置的发根 2 厘米部分涂上染膏，这样的操作程序才可以避免发根和发尾的色差相差太大。大约 10 分钟到 20 分钟后（视头发的抗拒性而定），就可以进行洗发程序了。

12. 沐染：染发结束前头发与头皮上残留色素的快速稀释与调和过程。

13. 漂染：在一次染发过程中漂白与染色同时进行。

14. 漂彩：先漂白再染色的过程。

15. 立体漂染：利用色差形成立体效果的染发技巧。

16. 打底：在从浅染深，而又无法一次完成时，就会使用到打底，从使用角度来说，与洗色相反。

17. 处女发：从未经过任何化学处理的头发。

18. 对冲：使用一种颜色抵消另一种颜色，而达到灰色，称为对冲，但在实际操作中，一般只是为了方便染色的手段，而不是真的想要灰色。

19. 对冲色是指相对的颜色（互补色）混合在一起相互抵消而变成灰色。举个例子，黄色可以抵消紫色，绿色可以抵消红色，蓝色可以抵消橙色，染发后如果产生不理想的色调或颜色，则可以用带黄色色调的加强色抵消，不被接受的紫色使色彩调和。

20. 调彩：又叫加强色。可以用来根据顾客的头发和需要来调出需要的颜色来外，还可以用来冲色。调彩一般有：蓝、红、黄、绿、紫、橙、灰几种。颜色是靠调整染料中红、黄、蓝三原色而形成的。

调彩的作用

调彩：可增加色彩的鲜艳度，可中和色彩中多余的色调。

0/19：加强灰色和中和暖色的黄色和红色

0/22：加强绿色中和红色 0/45

0/33：加强黄色

0/88：加强蓝色，可以抵消橙色

0/66：可以抵消黄色，加强紫色

0/43：加强橙的效果

0/45：加强红色效果

110/0：可以直接和双氧做目标色；加在目标色里可以提浅色度；做发色修正；色中色技巧；冲色时和调彩混合；做夸张色时提高明度使用；和漂粉混合漂色比较温和等。

第二节　染膏的种类和双氧乳的选择

本节的主要内容是学习染膏的种类和双氧乳的选择，其中涉及的知识有染膏的分类（按成分分和按持久度分）、不同种类染膏的特性、染膏的主要成分、双氧乳的结构、色度变化与双氧乳的关系及双氧乳的种类。

本节内容属于实用性较强的理论知识，与前一章节（颜色的概念）的内容有着紧密的联系，前一章节主要讲颜色，本章节主要讲染膏，只有结合这两部分的知识，才能在染发操作中染出自己想要而且很美的发色。

一、染膏的种类

（一）暂时性

暂时性染发剂是一种只需要用香波洗涤一次就可除去在头发上着色的染发剂。由于这些染发剂的颗粒较大不能通过表皮进入发干，只是沉积在头发面上，形成着色覆盖层。这样染剂与头发的相互作用不强，易被香波洗去。

其特点是：

1. 只有染膏，没有双氧乳；

2. 只能维持一次洗发；

3. 没有光泽；

4. 色素只是黏附在毛鳞片上；

5. 不会改变头发的天然颜色;

6. 不含碱性成分。

（二）半永久性

半久性染发剂一般是指能耐 6～12 次香波洗涤才退色的染发剂，半永久性染发剂涂于头发上，停留 20～30 分钟后，用水冲洗，即可使头发上色。其作用原理是相对分子量较小的染料分子渗透进入头发表皮，部分进皮质，使得它比暂时性染发剂更耐香波的清洗。由于不需使用过氧化氢水不会损伤头发，所以近年来较为流行。

其特点是:

1. 只有染膏，没有双氧乳;

2. 色素渗透在头发的毛鳞片缝隙中;

3. 光泽度较强;

4. 可以持久 6～8 次洗发;

5. 只能染深，不能染浅;

6. 只能 30% 覆盖白发。

（三）氧化半永久性

和 2.8%，3%，4% 双氧乳配合只能染深。

色素渗透到毛鳞片下皮质层上。

在受损的发质上上色效果更好。

光泽极好。

光泽可以维持 20 次洗发。

对头发的损伤很小。

可以覆盖 50% 的白发。

（四）氧化永久性

这是市场上的主流产品，它不含有一般所说的染料，而是含有染料中间体和耦合剂，这些染料中间体和耦合剂渗透进入头发的皮质后，发生氧化反应、耦合和缩合反应形成较大的染料分子，被封闭在头发纤维内。由于染料中间体和耦合剂的种类不同、含量比例的差别，故产生色调不同的反应产物，各种色调产物组合成不同的色调，使头发染上不同的颜色。由于染料大分子是在头发纤维内通过染料中间体和耦合剂小分子反应生成。因此，洗涤时，形成的染料大分子是不容易通过毛发纤维的孔径被冲洗。

其特点是:

1. 和 3%，6%，9%，12% 配合使用;

2. 可以染深也可以染浅;

3. 色素完全渗透到皮质层里;

4. 光泽度极强;

5. 发色可以维持到下次染发;

6. 含碱性成分;

7. 可以 100% 覆盖白发。

二、双氧乳的选择

（一）双氧乳的结构

1. 主成分：
（1）过氧化氢；
（2）乳酸；
（3）稳定剂；
（4）水。

2. 复配成分：
（1）角元蛋白素；
（2）小麦蛋白；
（3）维他命 B_5；
（4）水解蛋白。

3. 性状：白色或黄色，流动膏体。

4. 酸碱值：pH2.8～4.0 呈酸性。

5. 味道：清淡，柔和。

6. 刺激性：中，低。

（二）色度变化与双氧的关系

色度变化定义：颜色深浅的变化。

由深染浅
（1）麦拉宁被氧化。
（2）洗人工色素。

由浅染深
（1）白发染深色。
（2）已染白发再染深色。

（三）双氧乳的分类

1. 3% 只能染深。

2. 6% 可以染深，染浅，同度染和覆盖白发。

3. 9% 天然发色染浅 2～3 度。

4. 12% 天然发色染浅 3～4 度。

（四）双氧乳的选择

双氧乳度数的选择对染后颜色的稳定有很大的影响。当双氧乳度数太高时褪色现象就会明显。如覆盖白发，选用 30 度或以上双氧乳时，染后的色泽会比你选择的目标色要浅一些，这是因为 30 度或以上度数的双氧乳本身含有褪色率，加上 30 度或以上度数的双氧乳对头发有较强的膨胀率，而白发本身不带自然色素，造成染膏的人工色素减少，出现褪色现象。.

第三节　染发的设计元素和设计原则

本节主要学习染发的设计元素和设计原则。其中设计元素主要从来源于顾客的灵感来把握，根据顾客的品味、体型、脸型、年龄、发质、性格等元素来进行染发风格样式的设计。设计原则主要从目标原则、安全原则、唯美原则这三方面来学习。

这是属于最灵活的知识，在实际操作中起到启示及规范的作用，与前面章节（颜色的概念）有着紧密的联系，结合前面的基础知识，加上本章所学的知识才能设计出优秀的染发样式。

一、染发的设计元素

（一）来源于顾客身上的设计灵感

1. 品味。

（1）品味判断

第一步：品味的寻找一定是先从穿着习性、配件、服饰色彩等观察，作为初步判定其个人喜好方向。

第二步：以客观话语询问他的喜好（大部分现代人都会有表面及内在两面）、生活习性、个人形象等。

整合以上言、行、举止等数据再考虑客户的基本造型需求。

（优雅、端庄、华丽、休闲、浪漫、甜美、专业感、前卫等）

（2）品味：染发色彩设计对外围轮廓剪裁的决定会影响个人形象的表达。

a. 优雅、端庄的造型需要较沉重的色彩，能呈现其稳重感。

b. 甜美的造型适合略带橙金或金褐色调的色彩，容易表现轻盈及线条感。

c. 华丽的造型需要明亮的色彩，此外片染的设计比较能产生较明显的对比感。

d. 浪漫和休闲感是呈现自然或不刻意的色彩感，所以大地及自然色系为底色，再配以混搭的色彩，算是较适合的设计。

2. 体型。

（1）条件分析

第一步：需观察

a. 肩膀（宽窄）

b. 身形（高矮胖瘦）

c. 腮骨（优缺）

d. 脖子（优缺）

第二步：需检查上一次的服务记录及剪裁方式

（剪之形状及手法、烫之形状及手法、染之形状及手法、造型之形状及手法）

第三步：日常整理头发的方式

（2）体形：不同的体形对色彩设计之差异性。

a. 肩膀宽——应以较自然及深的色彩去修饰或掩饰其宽度。

b. 肩膀窄——以较浅或多色彩的设计去增加其宽度。

c. 高瘦型——适合较沉重及偏褐的色系，强调增加整体性之宽度。

d. 矮胖型——适合偏冷色调的设计，强调拉长的感觉。

e. 腮骨优——适合在两侧创造对比挑染设计或色彩转移的位置。

f. 腮骨缺——运用柔和的色彩设计（较中褐色）去修饰其腮骨之形状。

g. 脖子优——适合亮且深（蓝黑）的色彩设计去表现。

h. 脖子缺——适合长且柔和的色彩设计去修饰其缺点（星形或放射式挑染）。

3. 年龄。

（1）年龄判断

第一步：观察

年龄可以从外表观察进行判断，但有时候你看到的未必真实。

第二步：侧面打听

一般人们不喜欢别人问他年龄，你可以从侧面打听。

如问中年人"你小孩多大了?"再根据这个答案，推测你要的结果。

（2）根据年龄选择适合的颜色

a. 20岁——6级、7级目标色——室内明亮，室外张扬性格。

b. 30岁——5级、6级目标色——室内柔亮，室外明亮。

c. 40岁——4级、5级目标色——室内自然，室外柔亮。

d. 50岁——3级、4级目标色——室内自然黑，室外自然发色。

4. 肤色。

（1）观察肤色

通过观察，分析顾客肤色（深浅、冷暖）

（2）根据肤色及年龄选择适当颜色

肤色	较浅肤色	一般肤色	较深肤色
冷肤色	1 2 3	4 5 6	7 8 9
年龄	洁净雪白	棕黄偏青	深古铜暗青
20岁	6.23 烟丝棕	6.1 深亚麻灰	5.0 浅自然棕
30岁	6.01 自然棕灰	5.2 纯紫 5.0 浅自然棕	5.2 纯紫

续表

肤色	较浅肤色	一般肤色	较深肤色
40 岁	5.0 浅自然棕 5.2 纯紫	4.62 红紫棕	4.62 红紫棕
50 岁	4.62 红紫棕	2.0 深自然黑	2.0 深自然黑
暖肤色	白里透红	亮黄带红	古铜金黄
20 岁	7.33 暖棕 7.4 橙棕	6.3 深金 6.34 金棕橙	6.3 深金棕 6.34 金棕橙
30 岁	6.3 深金棕 6.34 金棕橙	6.6 红棕 6.5 棕金红	6.3 深金棕 6.34 金棕橙
50 岁	6.03 砂岩棕	5.0 浅自然棕	5.0 浅自然棕
60 岁	5.0 浅自然棕	2.0 深自然黑	2.0 深自然黑

5. 质量控制：线条、动感。

质感与发量的控制会影响设计师所决定采用的手法或工具，因不同的染发色彩及工具能创造很多设计效果，深色调能创造稳重及隐藏的感觉，但浅色调可创造柔和及凸显的感觉，另外，混每一种不同的工具及手法结合之后的效果是什么，才能增加自我对创作设计时的正确决定。

a. 发量多——以混搭色彩细挑手法去调整发量。

b. 发量少——以片染的方式使色彩上产生对比或协调感，分散其焦点。

c. 发质粗——以交替的挑染方式分散其视觉焦点。

d. 发质细——使用较深及冷调的色彩产生重量感，并不需太多的线条。

(二) 染发的原理设计

1. 重复设计：在发色的设计中，一种颜色被重复地使用。

2. 对比设计：是一种相反的关系，深浅对比，冷暖对比，对比色之间的色度至少差 3 度以上。

3. 迈进设计：在发色的设计中，颜色可以由深向浅，或冷变暖。

4. 交替设计：指重复性的从一个变向另一个。

5. 和谐设计：色度和色调相似的颜色的一种协调结合。

(三) 售后提案（建议）

第一步——设计完成（应对完成后的成品作一个总结、解释沟通前后的差异）

第二步——整理建议（建议客户须使用的产品、维护细节等）

第三步——下次提案（建议客户持续维护的流程、下次造型提案、包括剪烫染护等建议）

二、染发的设计原则

（一）目标原则

1. 染发的作用。

（1）染发使发型设计产生深度，增加更丰富的纹理。

（2）染发改变传统发型的视觉效果，能够减轻重量，柔和视线等使肤色变得更明亮。

（3）染发增加头发动感，使头发纹理感更活跃，体现自己的时尚和个性。

（4）染发能增加头发的光泽度，覆盖白发，更显年轻。

（5）改变顾客的原有发色将更好地改善顾客的修剪形和最后造型，不仅使顾客获得最佳个人形象，而且可以彰显顾客的个性。

2. 染发的需求。

（1）健康、韧性的发质。

（2）光泽持久的色彩。

（3）适合自己的发色，能够表现出个人的风采和魅力。

（4）白发染黑要稳固。

（二）安全原则

1. 慎重选用染膏。

（1）了解染膏的种类。

（2）熟悉染膏的性质。

（3）熟悉染膏的调制方法。

2. 了解染发注意事项。

（1）染发前应先检查头皮，若有破伤、疮疖、皮炎者不宜染发。

（2）患有高血压、心脏病及怀孕、分娩期间均不得染发。

（3）初染者应做皮肤过敏试验：取少许染发剂涂在手臂内侧或耳后皮肤上，两天内没有水泡或灼痛感等异常反应再染。

（4）染发时要戴手套，避免皮肤接触染发剂。

（5）万一滴入眼内或皮肤上，要用清水反复冲洗。

（6）染后要彻底把头发和头皮洗干净，洗时切忌用力抓挠，以免头皮破损中毒。

（7）应少染或拉大染发间距，两次染发时间至少间隔一个月。

（8）如若彩染，应选用自然植物合成的彩染剂。

（9）染发与烫发、漂白、拉直头发不宜同时进行，以免损伤头发。

（10）切忌用染发剂染眉毛和睫毛。

3. 解释顾客对染发的心理顾忌。

（1）头发是角质化的纤维蛋白质，染发的"人工色素"进入发干，是不会被皮下组织吸收的，因此不会伤害身体。

（2）染发师在染发时，会避免沾染头皮，避免染膏对头皮的伤害。

（3）染发掌握双氧乳的使用，染发后是发质最脆弱的时候，也是修复的最佳时期，染发师会做好染前染后发质的调理，彻底解决"发黄、枯燥、掉色快"等问题。

（三）唯美原则

1. 精选颜色。

（1）了解颜色理论知识（见 6－1 颜色的概念）。

（2）根据顾客的品味及身体状况选择适当颜色。

（3）根据顾客的意向搭配出适当的颜色。

2. 巧用手法。

（1）根据需求采用适当的染发手法。

（2）可以在传统染色手法的基础上进行创新。

（3）可以根据需求混用不同的染发手法。

第四节　染发操作的程序

本节的主要内容涵盖重复漂发与染发、交替漂发与染发、和谐染发、对比染发、递进染发、重复补染的操作程序及方法，并在掌握基本方法的同时了解设计的基本原则，运用原则进行混合形染发（重复—对比、和谐—交替、交替—对比、重复—交替）的操作与设计，从中分析学习染发时出现的状况，对颜色进行纠正。

只有掌握了发型染发设计的基本程序与方法，才能加深学生的理解力，提高操作的能力，使其具有更强的创造力，并可根据顾客的要求加以调整或创作更适合顾客的发型色彩。

一、重复漂发操作程序及方法

（一）什么是重复染发与漂发

重复是指相同或近似的形态连续地、有规律地、有秩序地反复出现。

在漂发中，重复主要指将漂粉和双氧调和好的染料在同一区域或整个设计中反复使用。

（二）重复漂发的操作程序与方法

1. 将头模 1/4 个区进行重复染发达到更浅的效果。先将头发梳通梳顺、分区、分片、把皮肤擦好隔离油、调好色膏的准备工作。

2. 开始从下往上按分区、分片涂放色膏的操作。涂完停放时间不少于 30 分钟。

3. 以不同的配方、分次重复对发片进行漂染。

4. 发片涂放色膏操作完成。

5. 对已涂色发片进行斜向检查，确保均匀。

6. 运用十字交叉法对发片进行检查。

7. 经过两遍以上重复漂发之后的效果。

（三）课后习题

请你思考重复漂发的程序与方法，并在课堂内进行重复漂发的操作。

二、重复染发操作程序及方法

（一）什么是重复染发

重复是指相同或近似的形态连续地、有规律地、有秩序的反复出现。

绿——绿——绿

在染发中，重复主要指同一个颜色在同一区域或整个设计中反复使用。

红——→红——→红

（二）重复染发的操作程序与方法

1. 选用头发 1/2 发区进行重复染发的操作。

2. 用保鲜膜将颈部进行包裹，避免染料沾染在皮肤上。

3. 在发际线周围及耳部上方涂抹隔离霜，防止皮肤受刺激及污染。

4. 对 1/2 个区进行分区。

5. 分出染发区域。

6. 头发后区开始涂色。

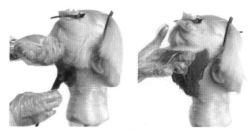

7. 涂色时注意发片与刷子小于30°，使染料涂放均匀。

8. 头发顶区涂色，挑选发片不宜太厚。

9. 发片需正反两面涂放染料，促使染料在发片上刷透。

10. 涂放染料到发根注意到位、刷透，并保护脸部皮肤清洁。

11. 用宽齿梳检查发片。

12. 重复染发完成造型。

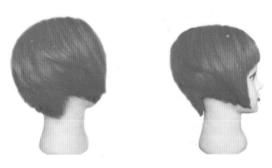

（三）课后习题

请你思考重复染发的程序与方法，并在课堂内进行重复染发的操作。

三、交替漂发操作程序及方法

（一）什么是交替漂发

交替包含有轮流替换的意思。

在染发中，交替主要指的是两个或两个以上的颜色呈现出有序的循环往复的变化。如黑白黑等。（如下页图所示）

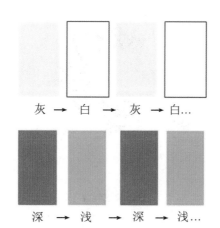

灰　→　白　→　灰　→　白…

深　→　浅　→　深　→　浅…

（二）交替漂发的操作程序与方法

1. 在1/4取一发片，然后以多个"W"形为分线进行交替分份。

2. 选用锡箔纸作为发片之间的隔离操作。

3. 以挑3留7的方式将分出的发条清晰的放在锡箔纸上，以备涂膏操作。

4. 将漂粉和双氧调和好的染料均匀地涂在挑出的发条上。

5. 涂好色膏后，将锡箔纸两侧对内进行折叠。

6. 再将锡箔纸向上对折，方便后期操作。

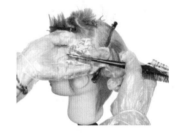

7. 以同样的方法，选择第二片发片。

8. 将交替选择的发条放在锡箔纸上。

9. 将做好的发片用锡箔纸用同样的方法进行包裹。

10. 以此类推。

11. 交替漂发涂放色膏完成操作效果。

12. 交替漂发侧区效果。

13. 交替漂发后区效果。

（三）课后习题

请你思考交替漂发的程序与方法，并在课堂内进行交替漂发的操作。

四、交替染发操作程序及方法

（一）什么是交替染发

交替包含有轮流替换的意思。

在染发中，交替主要指的是两个或两个以上的颜色呈现出有序的循环往复的变化。如黑白黑等。

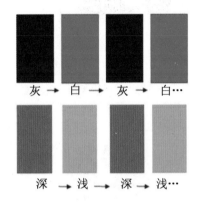

（二）交替染发的操作程序与方法

1. 选择 1/4 发区作为交替染发操作。

2. 纵向选择一片发片准备染发操作。

3. 先对发片的上部分进行涂色。

4. 发片的下部分进行涂色。

5. 用锡箔纸对已经上色的发片进行隔离，防止新发片被污染。

6. 选择第二片发片用锡箔纸隔离。

7. 将第三片发片进行涂色。

8. 第三片发片上色操作完成。

9. 依次类推，发片交替间隔涂色完成操作。

10. 交替染发完成效果。

(三) 课后习题

请你思考交替染发的程序与方法，并在课堂内进行交替染发的操作。

五、和谐染发操作程序及方法

(一) 什么是和谐染发

和谐包含有融洽、调和的意思。

在染发中，和谐主要指的是色度、色调之间的协调和统一。如同色系中红、黄、棕色等。

不同色系、同色度

同色系、不同色度

（二）和谐染发的操作程序与方法

1. 对 1/4 发区进行操作，选择一半的头发进行染料涂放（红色），另一半头发漂色至 7 度（绿色）。

2. 分发片进行重复染发。

3. 第二片发片涂放染料，正反面涂放均匀，刷透。

4. 染料涂放完毕。

5. 和谐染发完成造型效果。

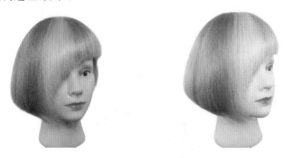

（三）课后习题

请你思考和谐染发的程序与方法，并在课堂内进行递进染发的操作。

六、对比染发操作程序及方法

（一）什么是对比染发

对比是指两种事物或一种事物的两个方面相对比较。

在染发中，对比能够让设计具有变化和视觉冲击力。在发色设计中，对比色之间至少应有 2 个色度以上。如黑—白等。

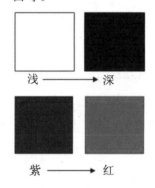

浅 ──→ 深

紫 ──→ 红

（二）对比染发的操作程序与方法

1. 对对应的 1/2 发区进行分区。分区的目的是为了在上色中更容易操作，一步步地进行，保证颜色的纯正。同时，也是体现操作的正规与专业性。

2. 头发后区开始涂色。

3. 涂色时注意发片与刷子小于 30 度，使染料涂放均匀。

4. 头发顶区涂色，挑选发片不宜太厚。

5. 发片需正反两面涂放染料，促使染料在发片上刷透。

6. 涂放染料到发根要注意到位、刷透，并保护脸部皮肤清洁。

7. 用宽齿梳检查发片，染发操作完成。

8. 1/2 发区，将头发分成四个区，要求头路清晰。此处将第一区（红色）、第二区（绿色）作为对比区进行操作。

9. 将头模 1/2 个头用锡箔纸包裹，以避免两边操作相互影响、串色。

10. 开始第一个区涂放染料。第一个区设置的是递进的深色。

11. 横向涂色完成后进行纵向检查，十字检查法，使色彩均匀，防止漏色。

12. 用锡箔纸包裹好第一区，进行第二区的涂放染膏准备工作。

13. 进行第二区的涂放操作，注意刷子与发片呈 30°，保证涂放均匀。

14. 第二区涂放染膏完成。第二个区设置的是递进的中间色。

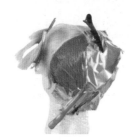

15. 锡箔纸包裹第二区。

16. 对比染发完成，后区效果。

（三）课后习题

请你思考对比染发的程序与方法，并在课堂内进行对比染发的操作。

七、递进染发操作程序及方法

（一）什么是递进染发

递进包含有依次而进、顺次提升的意思。

在染发中，递进主要指的是颜色呈现出上升或者下降的有序的变化。如深→浅、冷→暖等。

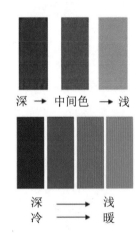

深 → 中间色 → 浅

深 ——→ 浅
冷 ——→ 暖

（二）递进染发的操作程序与方法

1. 递进染发操作在 1/2 发区上进行。将头发分成四个区，要求头路划分清晰。

2. 将 1/2 发区用锡箔纸包裹，以避免两边操作相互影响、串色。

3. 开始第一发区涂放染料。第一发区设置的是递进的深色。

4. 横向涂色完成后进行纵向检查，十字检查法，使色彩均匀，防止漏色。

5. 用锡箔纸包裹好第一发区，进行第二发区的涂放染膏准备工作。

6. 进行第二发区的涂放操作，注意刷子与发片呈 30°，保证涂放均匀。

7. 第二发区涂放染膏完成。第二发区设置的是递进的中间色。

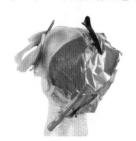

8. 锡箔纸包裹第二发区。

9. 进行第三发区染膏涂放。第三发区设置的是递进的浅色。

10. 第三发区涂放完成，整齐地摆放在临近的锡箔纸上。

11. 锡箔纸包裹第三发区。

12. 第四发区涂放开始，注意保护皮肤。

13. 第四发区完成。

14. 锡箔纸包裹第四发区。

15. 全头四发区操作完成。

16. 递进染发后区完成效果图。

17. 递进染发完成后区造型效果。

18. 递进染发侧区完成效果图。

19. 递进染发完成侧区造型效果。

（三）课后习题

请你思考递进染发的程序与方法，并在课堂内进行递进染发的操作。

八、重复补染操作程序及方法

（一）什么是重复补染

重复补染是染发的技术。就是对选出的发束进行局部染深的操作。

原始头发呈现的是发中和发尾部分斑驳色彩，是有一定褪色、色调不均匀的状态；发根色度已达 7 度，全头需要进行重复补染，色泽均匀统一。

（二）重复补染的操作程序与方法

1. 第一部分：梳理头发，分发片，调色膏、准备涂色。

2. 第一片从颈部开始，由发中至发尾进行涂放目标色染膏。

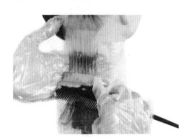

3. 逐步往上，对每一片的发片的中部至尾部进行涂色，促使发片整体均匀。

4. 整区发中到发尾完成涂色停放时间不少于 25 分钟。

5. 停放时间到了，准备涂放发根。

6. 第二部分：准备补染发根部分。

7. 分出第一片发片，准备涂色。

8. 补染发根要注意保护头发其他部分不被影响串色，每一片发片从根部开始上色，再涂至发中。

9. 依次类推。发根部分完成涂色，各发片之间有序地形成悬空叠放，发根与头皮呈 90 度站立，空气自然流动，使发片上色作用均匀。

10. 重复补染发根染膏停放时间不少于 20 分钟方可冲洗。保证色素饱满。

11. 重复补染完成后编辫效果。

（三）课后习题

请你思考重复补染的程序与方法，并在课堂内进行重复补染的操作。

九、设计原则的混合型染发（重复—对比）操作程序及方法

（一）重复—对比染发的操作程序与方法

1. 头模整体分为顶部 U 字区、骨梁区、底部三个区。其中，顶区除刘海外为"菱形"。

2. "菱形"顶区使刘海单独呈现。

3. 整个骨梁区为第二区。

4. 水平线以下为第三区，与第二区之间进行"W"波浪线分份。

5. 首先对第三区（底部）进行深色涂色操作。

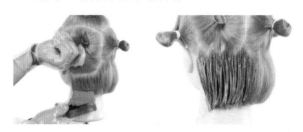

6. 第三区深色涂色操作完成。

7. 用锡箔纸对第三区进行包裹隔离，防止两区颜色串色。

8. 第二区（骨梁区）涂浅色色膏操作，与上下两区色彩形成对比色差。

9. 涂色时关注衔接部位操作，防止两区发片串色。

10. 第二区浅色涂放操作完成。

11. 用锡箔纸将刘海区发片与皮肤进行隔离，保护皮肤清洁。

12. 第二区刘海部位涂色操作完成。

13. 第一区（顶部）涂色操作完成。

14. 正面对比颜色的重复染发操作效果完成。

15. 后部对比颜色的重复染发操作效果完成。

16. 侧面对比颜色的重复染发操作完成。

17. 侧面对比颜色的重复染发完成造型效果。

（二）课后习题

请你思考重复—对比染发的程序与方法，并在课堂内进行重复—对比染发的操作。

十、设计原则的混合型染发（和谐—交替）操作程序及方法

（一）和谐—交替染发的操作程序与方法

1. 和谐—交替染发顶部分区效果，分别以三种临近色进行涂色操作。

2. 头部的顶区及侧区分别以小、中、大的"之"字形进行交替分区，使上色后的发色和谐的融合在一起。

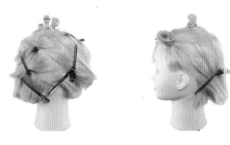

3. 从发区侧面第一区开始涂色操作。

4. 第一区涂色操作完成，涂色时让发片呈 C 形悬空，避免与皮肤及周围的发片串色。

5. 第二区完成涂色操作。

6. 第二区完成涂色操作效果，与第一区形成"之"字交替操作。依次类推，进行第三区涂色操作。

7. 用锡箔纸将顶区以外的部分进行色彩隔离。

8. 分别对顶区的三个部分用三色进行交替涂色，使顶区与其他部分的颜色融合。

9. 和谐—交替染发正面效果。

10. 和谐—交替染发侧面效果。

（二）课后习题

请你思考和谐—交替染发的程序与方法，并在课堂内进行和谐—交替染发的操作。

十一、设计原则的混合型染发（交替—对比）操作程序及方法

（一）交替—对比染发的操作程序与方法

1. 将男发顶区进行三角形交替分区。

2. 将顶区第一片发片压下紧贴头皮。

3. 用锡箔纸将第二片发片与第一片隔开，准备漂发操作。

4. 对第二片发片进行漂色操作。

5. 对四片发片进行漂色操作。

6. 依次类推，分别对第二、四、六、八片发片进行漂色，并用锡箔纸进行隔开，避免窜色。

7. 交替—对比染发操作侧面效果。

8. 交替—对比染发操作正面效果。

9. 交替—对比染发操作正面造型效果。

（二）课后习题

请你思考交替—对比染发的程序与方法，并在课堂内进行交替—对比染发的操作。

十二、设计原则的混合型染发（重复—交替）操作程序及方法

（一）重复—交替染发的操作程序与方法

1. 重复染发前、后部分区效果。

2. 重复染发两侧部分区效果。

3. 重复染发后部和侧部涂色效果。

4. 将已涂色部分用锡纸进行包裹，防止窜色。

5. 选用较浅颜色对顶区第一片发片进行涂色。

6. 顶区第一片发片涂色效果。

7. 用锡纸将第一片发片包裹，保护颜色不被干扰。

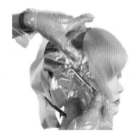

8. 顶区第二片发片进行深色涂色效果。

9. 用锡纸将第二片发片包裹，保护颜色不串色。

10. 顶区第三片发片进行浅色涂色。

11. 顶区第三片发片进行深色涂色效果。

12. 隔离第三片深色发片，进行第四片浅色涂色。

13. 依次类推，顶部重复交替涂色操作完成。

14. 重复—交替染发侧面效果。

15. 重复—交替染发正面、后面效果。

（二）课后习题

请你思考重复—交替染发的程序与方法，并在课堂内进行重复—交替染发的操作。

十三、染发的状况分析及颜色的纠正

（一）正常染发的状况分析及颜色的纠正

正常的染发后，头发呈现的应该是健康、有光泽、色泽均匀的状态，这是由于操作过程中停留的时间、调和的配方、染发刷油的技术等方面都十分规范和标准。

（二）非正常染发的状况分析及颜色的纠正

状况	分析及纠正的方法
头发无光泽、哑光、毛糙	双氧过高、时间过长，染前需要加强护理
头发无光泽、发丝受损或严重受损	漂染过度或烫发过度，需减少烫染次数
头发暗淡无光，色泽不饱满	等待时间不够，刷油不均匀
头发颜色不均匀，漏色	检查不够或发片过厚，染料没刷透
头发颜色过红或黄或深或浅	可用其相应的对冲色冲淡，调和比例要适合
……	……

（三）课后习题

请你思考染发的程序与方法，并对染发中出现的各种问题进行分析总结，找到解决的方法。

第五节 漂 发

本节的主要内容涵盖漂发的原理、目的，学习漂发的准备工作，了解漂发的种类、操作及漂发的注意事项，通过对漂发的状况进行分析与纠正。

只有掌握了发型漂发的基本程序与方法，才能加深学生的理解力，提高操作的能

力，使其具有更强的创造力，并可根据顾客的要求加以调整或创作，得到更适合顾客的发型色彩。

一、漂发的原理、目的

（一）概念

漂发就是把头发原有的颜色变浅。主要作用物是漂粉和0－00染发剂。

最成功的头发漂白剂为过氧化氢，因为当它放出氧后留下的除了水以外没有别的物质。头发漂白剂包括水剂、乳液、膏剂和粉剂。

（1）水剂：配方主要组成为过氧化氢、稳定剂、酸度调节剂。

（2）乳液、膏剂：配方主要组成为过氧化氢、稳定剂、酸度调节剂、赋形剂。

（3）粉剂即漂粉：配方主要组成为过硫酸钾或过硼酸钠、填充剂、增稠剂和表面活性剂。

（二）漂发的原理

1. 从发干消除色素的作用物为漂粉，双氧奶为催化剂。双氧奶可以使头发的表面层变柔和，消除头发中的天然色素粒子。

2. 双氧奶浓度的强弱和漂淡剂在头发中停留的时间长短不同，头发颜色消失程度也就有所不同。双氧奶浓度高则加速漂淡的作用。

3. 染发常用的双氧水约可分为6％、9％、12％三种，基本上它们会对头发产生不同程度去色作用。

◆如头发原属于3号深褐色时，使用6％双氧水可使发色褪至4号中等褐色的程度。

◆9％的双氧水则可褪至5号浅褐色的程度。

◆12％双氧水则可褪至6号的深亚麻色的程度，所以一旦染色调入双氧水后，染后发色效果的评估一定要把发色效果计算进去，否则极易产生误差。

4. 一般头发的漂淡过程要经过八个阶段，才能使黑发近乎于白色。

八个阶段为：黑、褐、红、金红、金黄、黄、浅黄、极浅黄。

褪色过程：

第一阶段渐渐去掉的是蓝色素，发色由黑渐变为褐色系（棕色、咖啡色）。

接着红色出来了，蓝色已经脱离，黄色素渐明显，发色由红色转橙。

接着红色素逐渐脱离，发色渐变为金黄、黄色。

然后黄色素再逐渐脱离由淡黄渐淡为白。

（三）漂发的目的

1. 漂淡头发获得醒目的颜色。

2. 漂淡头发便于施加染发剂。

3. 去除不喜欢的色调。

二、漂发的准备及操作方法

（一）漂发前的准备

1. 进行皮肤测试

将漂粉和双氧奶按 1∶3 的比例调匀后涂在顾客的皮肤上，20～30 分钟后没有出现红肿现象，即可进行漂发。

2. 准备工具及用品

毛巾、梳子、夹子、刻度瓶、染发用披肩、记录卡、洗发剂、手套、棉花、双氧奶、漂粉、胶碗、刷子等。

（二）操作方法

1. 分区

将头发从头顶至脖颈分区，从头顶至耳上分区，共可分为 10 个区，确定要漂浅的区域。

2. 调配漂浅剂

漂粉和双氧奶的调配比例可以是 1∶1、1∶1.5、1∶2，关键还是取决于顾客的发质条件和需要的色度，一般来讲，使用 6% 的双氧乳和漂粉调配来进行漂发，几乎可以达到日常需要的所有色度。

3. 涂刷漂浅剂

分出要漂的发片，厚度不超过 1 厘米，从发根部位开始涂抹，注意头发拉直成 90 度，刷子与发片成 15～30 度，漂浅剂一定要涂抹均匀并且涂透，全部包裹发丝。

4. 全部涂刷完后，等 50 分钟，期间可以检查颜色的褪浅程度

5. 达到所需效果后，冲洗干净

三、漂发的种类及操作

（一）局部漂发

1. 操作方法

选择所要漂浅的头发部位，按照设计意图挑出一片发片，将发片梳顺，用染发刷尾部跳跃式挑出几缕发绺，将挑好的发片放在锡纸上，然后涂抹漂白剂。涂完漂白剂后，将涂抹的发片用锡纸包住，挤出空气停放。停放时应随时检查，在头发逐渐变淡时，用梳背把发片上的漂白剂刮掉以便检查，如果没有达到理想的颜色，将头发上现有的漂白剂刮掉，尽可能地刮干净，再次涂放漂白剂。完毕后，将头发冲洗干净，再进行其他事项。

2. 操作要求

确定造型，将头发梳顺；

挑起发片以 45 度涂抹，以免漂白剂渗到其他的发片上；

发片厚度不超过 1 厘米，以取得均匀的效果；

涂抹漂白剂时，染发刷稍微施加一些力度，使头发各个层面全部裹上漂白剂；

包锡纸的时候利用梳子从左向右压住折好的锡纸挤出空气；

按照设计将锡纸摆放整齐。

（二）挑漂的操作步骤

给顾客戴上挑染帽，用挑针从孔眼中拉出发绺，用同样的方法挑完所需的发区，用发刷将挑出的头发全部刷上漂发剂，然后用锡纸将头部全部盖住便于加快反应。头发漂浅完成后，去掉锡纸然后冲水。

四、漂发的状况分析

（一）影响漂发的因素

1. 发质

（1）细发比粗发容易漂。

（2）受损发比健康发易漂淡。

（3）受损发漂前必须先作护发。

（4）二段发目标色度相同时，自然发比已染过的头发易漂浅。

（5）二段发目标色度比染过发色度更浅时，先处理已染人工色素部分，再漂浅自然发色部分。

（6）二段发目标色度与已染过部分同度时，则先处理自然发色部分，再处理已染过部分。

2. 时间

注意双氧水高峰期的时间，双氧水有它一般氧化的时间，但漂发的时候可以加上目测。可分为：

（1）如果双氧水时间未到，却已达到目标色度，即可冲水终止作用；

（2）如果双氧水时间已到，却未达到目标色度，则冲水吹干再漂。

3. 温度

（1）通常漂发时不用加温。

（2）因头温的关系，需离头皮 1～2 厘米先漂，当接进目标色度时，再漂毛根部分（毛根部分的双氧水勿高于 20Vol，才不会造成对头皮太大的刺激），且毛根部分勿涂太多、太厚的漂粉，以免会漂太浅。

（3）避开冷气出风口。

（4）注意有些发际线（前侧点例外）漂浅较慢，可先操作，再漂毛根部分。

（二）漂浅的程度

在漂发过程中，并不是将头发漂得越浅越好，也不是将头发漂得越浅越容易上色。

这是一个误区，更是损伤头发的最主要的原因。

如果是目标色浅于基色 4 度以上的染发，在漂发时，只需要漂浅头发色度接近目标色 1～2 度就可，没有必要浅过目标色。

如果是曾经染过深色人造色素的头发，想继续改变发色浅过现有色度，在漂色时是需要漂浅头发色度超过目标色 1～2 度方可染色。

所以，在漂色过程中，对漂浅色度的掌握是很难控制的一种技术，是需要不断的练习才能见效。

五、漂发的注意事项

1. 诊断发质：发质诊断是漂发前必不可少的步骤，只有准确的发质诊断，才能决定漂发的调配和操作。

2. 不用洗发：干发操作是漂发操作的最基本要求，如果漂发前对头发进行清洗，漂粉在接触头发的时候将会有刺痒感和不适感；如果之前不清洗头发，这种感觉便会减少。

3. 调配比例：科学的调配比例需要根据发质条件来决定。如威娜无尘漂粉的调配比例从 1∶1、1∶1.5、1∶2 到 1∶3 都可以使用，关键还是取决于顾客的发质条件和需要的色度。

4. 双氧乳的配合：只有将漂粉和双氧乳调配在一起使用，才能达到最佳的漂色效果。而双氧乳浓度的选择是至关重要的。我们发现，很多美发师经常使用高浓度的双氧乳来给顾客进行漂发，其实忘记了一个重要的原则：在漂发过程中，双氧乳的浓度越高，对头发的损伤就越大。一般来讲，使用 6% 的双氧乳和漂粉调配来进行漂发，几乎可以达到日常需要的所有色度。个别情况可以考虑使用 9%，但是 12% 的双氧乳在漂发过程中是绝对禁止使用的。而且需要提醒的是：所有双氧乳中，只有浓度低于 6% 的双氧乳才可以用在发根。换句话说，只有浓度低于 6% 的双氧乳才可以接触头皮，其余的不可以。

5. 规范的操作：根据发质的健康和受损状况，我们可以决定先从头部的哪个部位开始涂抹漂粉，这样可以降低漂粉在受损发质上的作用时间，减少对它的损伤。

（1）冲洗漂浅剂时，不要用力搔、抓，以免损伤头皮，引起过敏反应。

（2）漂发剂不能掉到顾客脸部，特别是不要弄进眼睛里，否则，应立即用大量清水冲洗。

（3）漂发时，美发师要戴手套和胸围，以免损坏皮肤和衣服。

（4）漂发剂一定要涂均匀。

6. 作用时间：漂粉的作用时间是 50 分钟，在停放过程中，不要盲目延长和缩短它的作用时间。这样都会给头发带来伤害，尤其是在停放过程中，要不时地观察颜色的变化和反应，在达到所需色度时，适时地终止它的作用，以免对头发造成损伤。

7. 充足的用量：完善的漂色效果是需要有足够的用量的，当我们用量过少或者涂抹不均匀时，最容易产生色斑和颜色不均匀。

8. 必不可少的漂后护理：由于漂后头发中残留有少量的碱性分子和氧分子，所以使用染后香波和护发素是必不可少的，这样可以有效地终止残留物质对头发的继续氧化和破坏，达到亮丽持久的发色效果。

（1）一般不要经常漂发，否则会出现头发干枯、开叉，甚至断裂等现象。

（2）洗头时，选用 pH 值与头发接近的洗发水。

（3）需经常做头发护理。

（4）尽量不要在阳光下暴晒和在海水或含碱很高的游泳池中逗留过久。

第 七 章
头发的护理

学习目标

1. 知道头发护理的原理，了解仪器的构造和使用，掌握头发护理的操作流程及注意事项。

2. 掌握头发护理的操作技巧，会使用仪器进行操作。

3. 激发学生的学习热情，培养他们在技术上精益求精的思想。

内容概述

本章主要学习内容是头发护理原理，头发护理仪器和头发护理操作。头发护理原理主要学习内容是掌握头发护理的作用和头发性质与护理的关系；头发护理仪器主要学习内容是掌握护理仪器的种类、构造和护理仪器的使用；头发护理操作主要学习内容是要掌握护理操作的流程、方法和护理操作的注意事项。

本章主要讲解了头发护理及技术，要想拥有一头健康的头发，除了注重对头发的日常护理外，更需要对头发进行专业的护理，根据不同的发质，选择专业有针对性的护理方法，配合正确的操作手法，利用仪器的功效，为头发提供更好的服务。

第一节　护理的原理

护理原理的学习让发型师与顾客之间架起一座沟通的桥梁，让顾客知道头发进行专业护理的效果和正确护理的方法。

一、护理的作用

（一）日常护理与专业护理

1. 日常护理
目前使用的普遍产品是护发素，它能使头发表皮鳞片合拢，形成一层保护膜。

2. 专业护理
分为头皮和头发的护理。主要的产品有头皮精华液、精油、发膜等产品。发膜是目前头发进行深层护理的主要产品，它主要是通过仪器的配合让头发吸收产品中的营养成分，深入头发内层，给秀发强力保湿和营养，使头发具有活性和弹性。因此，发膜是一种更为专业的护发产品。

（二）护发的作用

1. 补充营养、滋润头发

头发受损后，缺少水分和油脂，会干枯、开叉，这时就需要对头发进行专业的护理。护理产品中主要的成分是多种营养调理剂，如羊毛脂、保湿剂、植物油等。通过焗油机的加热可以使头发表层的毛鳞片张开，吸收护理产品中的营养成分，达到补充头发水分，增加油脂和蛋白质等营养成分的作用。

2. 修复作用

头发吸收了多种物质后，会使头发状态得到改善，使头发表面的毛鳞片得到营养滋润，增强头发抗静电、抗紫外线的能力，并可恢复头发的生机。

3. 保护作用

正常头发除了平日要注意保养、避免受损之外，在烫发或染发后都需要进行专业护理，如果等到头发受损后再去护理，会对头发有较大的损害，所以，头发要定期进行专业护理。在受损的情况下，应每周护理一次，才能保持头发的健康与活力，使头发具有弹性和光泽。

二、头发性质与护理的关系

（一）中性发质

中性发质是最理想的发质，皮脂分泌正常，头发柔滑光亮、有弹性，属于健康头发。这种头发不需要特殊的护理，保持头发的清洁和健康，注意头皮的保养，洗发时配合头皮按摩，使血液循环顺畅，能有充足的养分输送到发尾。一般选择营养均衡的滋润型洗发水。

（二）干性发质

干性发质最大的特征是油脂分泌不足，缺少油脂和水分，头发干燥、易打结，所以摸起来有粗糙感。洗发时要选用专业的洗护产品，让头发及时得到营养和水分；每天要做头部按摩，以促进头发的新陈代谢，使头皮的油脂分泌慢慢恢复正常；要经常做专业的深层的护理，使头发得到保养。

（三）油性发质

油性发质总显得油光发腻，难于定型。由于油脂分泌太多，过多的油脂分泌容易堵塞头部皮肤的毛孔，形成很多头皮屑。唯一改善的方法就是多洗发，选用平衡油脂、去屑的专业洗护产品，能有效地中和油脂分泌，去除头屑及抑制头皮发痒；洗发冲水时可先用热水，再用温水交替冲洗，这样起到收缩头皮，控制油脂分泌；发型要蓬松，

多让空气接触头皮。

（四）受损发质

受损发质触摸有粗糙感，梳理时易折断，发尾开叉，呈枯黄色，无光泽。造成头发受损的原因很多，如：过多染发、烫发、漂发或长期受紫外线照射等。所以洗发时选择针对性的洗护产品，使头发得到水分和营养；每周至少要做一次深层护理；头发若受损严重，使用水疗或者精油 SPA 及时为头发补充营养。

第二节　护理的仪器

发型师必须要熟悉和掌握护理仪器的构造和使用，让顾客知道使用仪器的功效，更好地为顾客服务。

一、护理仪器的种类及构造

（一）焗油机的种类

焗油机在式样上分为立式和吊式两种；在功能上分为普通焗油机和微波喷雾焗油机，微波喷雾焗油机在普通功能上增加了臭氧杀菌、负离子养发的功能。

（二）焗油机的结构

主要由三个部件组成：蒸汽主机、可调节支杆、底座。

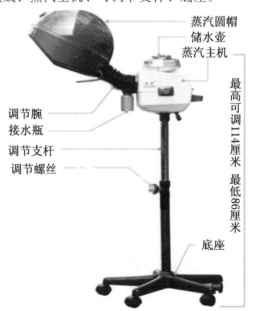

蒸汽圆帽
储水壶
蒸汽主机
最高可调 114 厘米　最低 86 厘米
调节腕
接水瓶
调节支杆
调节螺丝
底座

二、护理仪器的使用

（一）焗油机的工作原理及使用

1. 焗油机的工作原理

焗油机是利用电能转换成热能的原理加热头发，是使头发湿润的器具。通过不锈钢发热管加热后，使之产生水蒸气，通过焗油罩均匀地散发出热蒸汽。

2. 焗油机的使用

用配备的水杯向主机储水瓶中注入八成水，并且拧紧，方可接通电源，按下开关约3分钟左右即有蒸汽喷出，旋转定时器，设定所需时间。过热或缺水时机器会自动断电。

（二）焗油机的功效

1. 加速营养吸收

2. 臭氧杀菌去头屑

3. 负离子养发

（三）焗油机的保养

1. 焗油机使用前必须检查，并要注意保护地线，要用手推动焗油机，不要拉扯地线。

2. 当储水瓶中的水不足时，先切断电源，加水后再使用，储水瓶内要装蒸馏水，以防生碱，储水瓶与输水管必须旋紧。

3. 使用完毕后，要把废水瓶内积水倒掉。

第三节　护理的操作

护理操作的学习让发型师掌握操作的流程方法。

一、护理的操作流程及方法

（一）头发护理操作用品

焗油碗、刷　　　　　围　布　　　　　夹　子　　　　　发　膜

| 焗油机 | 定位夹 | 毛　巾 | 工具车 |

　　焗油机是利用电能转换成热能的原理加热头发，是使头发湿润的器具。通过不锈钢发热管加热后，使之产生水蒸气，通过焗油罩均匀地散发出热蒸汽。

　　（二）头发护理的操作程序及方法

　　清洗头发—分片—涂抹发膜（用涂抹或打卷的方法）—用棉条（或毛巾）围住头发—焗油机加热—冷却—冲洗发膜。

| 清洗头发 | 分　片 | 涂抹发膜 | 打卷 |

| 棉条围住头发 | 焗油机加热 | 冷　却 | 冲洗发膜 |

二、护理操作的注意事项

　　1．根据头发的性质与受损程度选择适合的护发产品。

　　2．清洗头发后将头发擦干，防止稀释护发产品。

　　3．涂抹护发产品要适量、均匀。

　　4．加热时间不宜过长，以 15～20 分钟为宜。

　　5．护理结束后冲洗要干净，头皮上不应有残留的发膜。

　　6．护发后不要过分做吹风造型。

第八章

盘发与造型

学习目标

1. 了解盘发的设计概念与原则。
2. 熟练掌握盘发的设计依据。
3. 掌握盘发造型的饰品设计与发片的制作方法。
4. 掌握发辫的编织方法。
5. 熟练掌握设计手法在盘发中的运用方法。

内容概述

本章节主要内容是盘发设计的概念、盘发设计的依据、盘发造型的饰品设计和发片制作、盘发造型的设计原则、盘发工具的种类及作用、发辫的编织方法、盘发造型的设计手法在盘发上的运用。重点描述了盘发的基础理论知识和每种手法实际操作知识。

盘发与造型这一章节内容丰富全面，重点描述了盘发基础手法的步骤和如何把所学到的手法运用到不同的发型设计中去。盘发造型的饰品设计与发片的制作方法也给造型方面提供了亮点，精致的发型再佩戴上闪亮的头饰，会使发型更具时尚感、独特感。

第一节　盘发设计的概念

盘发设计的概念

盘发即把头发盘成发髻，盘发已经可以演绎出各种不同年龄、不同个性、不同气质女性的万千风情，是我国传统美发方式之一，可利用盘、包、拧、扭、打结、做卷等技法，将头发巧妙地结合起来，组成各种不同款式的发型，最大限度地体现出女性美丽、高贵、典雅的特点。盘发造型的式样多种多样，可根据场合的不同，选定盘发的式样。

第二节　盘发设计的依据

盘发设计时要结合设计对象（即模特）的头形、脸形及职业进行设计。盘发设计分为：模特头形、模特脸形、模特职业三大依据。

一、脸形与发型的关系

模特的脸形

发型与脸形的搭配十分重要，发型和脸形搭配的适当，可以表现此人的性格，气质，而且使人更具有魅力，常见脸形有七种：椭圆形、圆形、长方形、方形、正三角形、倒三角形及菱形。

（1）椭圆脸形

这是一种比较标准的脸形，好多的发型均可以适合，并能达到很和谐的效果。

（2）圆脸形

圆圆的脸给人以温柔可爱的感觉，较多的发型都能适合，只需稍修饰一下两侧头发向前就可以了，不宜做太短的造型。

（3）长方脸形

避免把脸部全部露出，刘海做一排，尽量使两边头发有蓬松感。

（4）方脸形

方脸形缺乏柔和感，盘发时应注意柔和发型，轮廓可以长一点，两边可留一些头发遮住两侧及下颌。

（5）正三角脸形

刘海可以是齐眉的长度，使它隐隐约约表现额头，用较多的头发修饰腮部。

（6）倒三角脸形

盘发时，重点注意额头及下巴，刘海可以做齐一排，头发长度超过下巴两厘米为宜，并向内卷曲，增加下巴的宽度。

（7）菱形脸形

这种脸形颧骨高宽，做发型时，重点考虑颧骨突出的地方，用头发修饰一下前脸颊，把额头头发做蓬松拉宽额头发量。

二、头形与发型的关系

模特的头形

人的头形大致可以分为大、小、长、尖、圆等几种形状。

（1）头形大

头形大的人，不宜太蓬松，最好设计得有层次，刘海不宜梳得过于太高，最好能盖住一部分前额。

（2）头形小

头发要做得蓬松一些，轮廓不宜往下延伸太多。

（3）头形长

由于头形较长，故盘发时两边头发应相对蓬松，头顶部不要过高，应使发型轮廓横向发展。

（4）头形尖

头形的上部窄，下部宽，顶部不宜高，尽量平一点，两侧头发向后吹成卷曲状，使头型呈出椭圆形。

（5）头形圆

刘海处可以高一点，两侧头发不宜向前，不要遮住面部。

三、场合与发型的关系

模特的职业

盘发设计除考虑到的头形、脸形以外还必须要注意到顾客的职业特点，发型根据职业的需要在不影响工作的情况下，努力做到最完美的效果，如：教师、机关工作人员尽量做简洁、明快、大方、朴素的发型，表现出淡雅，端庄的感觉；文艺工作者、服装模特的发型可以做得突破一点，创造性、前卫些。

第三节　盘发造型的饰品设计和发片制作

在实际生活中，我们可以根据不同类型与风格的盘发设计佩戴不同的饰品及发片制作方法。不同的场合可以佩戴不同的饰品，掌握发片制作方法。

一、盘发常用饰品及设计依据

红花也需要绿叶配，盘发也是一样，合适的饰品在盘发中起着画龙点睛之作用，在实际生活中，我们可以根据不同类型与风格的盘发设计佩戴不同的饰品，如：新娘盘发，可以设计佩带如丝带、皇冠、水晶等感觉温馨浪漫些的饰品，晚宴盘发可以设计佩带如羽毛等现代摩登些的饰品。

二、发片制作方法

发片是做卷筒及其他卷筒类造型必备的，这里所说的发片并非是机器做出来的可

以接的假发片，而是利用真发将发丝相连的真发片，其做法如下所示：

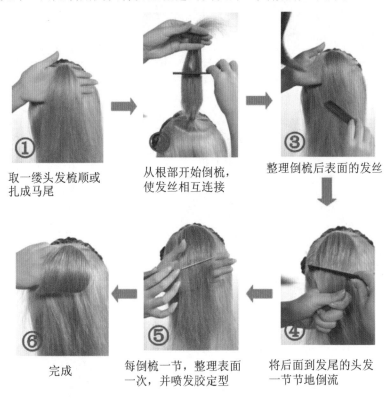

①取一缕头发梳顺或扎成马尾　②从根部开始倒梳，使发丝相互连接　③整理倒梳后表面的发丝

⑥完成　⑤每倒梳一节，整理表面一次，并喷发胶定型　④将后面到发尾的头发一节节地倒流

第四节　盘发造型的设计原则

盘发造型的设计原则包括造型的特点、发型的分类以及发型设计的方法。按照一定的标准去设计发型。

在设计发型之前，应以盘发造型的设计原则为标准，根据不同的时间、人物、地点来设计人物的盘发造型。设计原则不变，发型款式可以灵活多变。

一、盘发造型的设计原则

盘发的特点

盘发是美发师利用盘、包、拧、扭、打结、做卷的手法，将头发巧妙地结合起来，可以根据女性出席不同的场合，来设计出各式各样的发型。

二、盘发的分类

1. 日常生活盘发。
2. 新娘盘发。

3. 晚宴盘发。

三、盘发的设计原则

（一）设计原则

1. 时间：白天、中午、晚上。
2. 地点：室内、室外。
3. 人物：学生、老师、演员等。

（二）设计理念

1. 日常生活盘发设计

日常生活盘发设计的特点是简单、实用、容易梳理。生活盘发造型必须是简单、大方、自然、漂亮与时尚的原则。

2. 新娘盘发设计

主要是突出婚礼的喜庆、圣洁气氛，妆面要与整体形象、环境协调，不可以太夸张、另类，妆面色彩不可过分浓艳。现代新娘妆妆面圆润、柔和、高贵，充分体现出女性的端庄和纯洁。

3. 晚宴盘发设计

宴会妆是指参加正式场合的宴会或晚会，妆面的色彩可以浓重一点，而且要体现出五官的立体感，宴会妆的造型可以稍夸张些，突出女性的特点，效果华丽、高贵、妩媚。

第五节　盘发工具的种类及作用

通过学习后能正确了解盘发工具的种类与作用。能根据每种工具不同的特点来选择完成发型的设计工作。

本节介绍了盘发工具的种类，每一样工具都详细说明了类型、型号、作用。如何使用工具和选择工具的方法。

工具的种类和使用

（一）盘发工具的种类

1. 公仔头。
2. 夹子类。
3. 梳子类。

4. 皮筋类。

5. 电卷棒。

6. 直板夹。

7. 发胶类。

8. 膏体类。

（二）盘发工具的作用

1. 公仔头

（1）使用的公仔头必须是直发。

（2）使用的公仔头需要是全真发，在后期使用电卷棒和直板夹时不容易把头发烫坏。

2. 夹子类

（1）一字夹：固定头发的作用。

（2）鸭嘴夹：盘头发分多个区时，用于夹紧头发，使头发不容易松散。

（3）U型夹：U型夹分为大、中、小三个型号，用于连接、固定头发。

3. 梳子类

（1）尖尾梳：要梳理发片，挑发片及分发功能，是造型最重要的梳子。

（2）削发梳：是梳理发片、回梳刮防御能力的重要工具。

（3）小包发梳：能梳开、梳平缠在一起或打结的头发，比较方便梳理好小片头发。

（4）S形包发梳：能梳开、梳平缠在一起或打结的头发，还会消除不服帖的头发静电，并使头发较具光泽，容易定型。

（5）半圆九排梳：主要是用来梳理大片头发。

（6）排骨梳：主要是在吹发线条和角度时使用。

4. 皮筋类

（1）大皮筋：适合发量较多的头发，容易将头发扎紧实。

（2）小皮筋：适合局部扎发，发量较少的头发。

5. 电卷棒

电卷棒是专用于卷曲头发，通过加热，暂时改变发丝卷度，快速便捷。电卷棒卷筒的粗细各有不同，可以根据造型的需要来选择卷棒的型号，以营造不同卷曲的发丝。

6. 直板夹

直板夹具有拉直头发、定型及改善发质等功能，还可以配置不同夹板，夹出不同的效果。

7. 吹风机类

（1）有声吹风机：有声吹风机功率大、风力强，适合于吹粗硬的头发，但噪声大，一般按温度设有大风挡和中风挡，使用时可按头发性质选择风力挡，同时风口可套上扁形或伞形的吹风套，使风力成一条线或一大片。

（2）无声吹风机：无声吹风机噪音小。按温度的高低分一、二挡，适合于吹细软的头发或头发定型时用。

8. 发胶类

（1）干胶：属于特硬发胶，喷胶后容易干，定型效果好。

（2）液体胶：喷胶后不易干，便于造型，起到固发作用。

9. 发蜡棒：油性较大，也有一定的黏度。

10. 果冻：梳马尾时可以梳光滑表面的碎小头发。

11. 喷水壶：用水喷湿头发后，便于分区。

第六节 发辫的编织方法

本章节重点介绍了二股辫、三股辫、四股辫、五股辫、三股反手辫、二股双辫、三股单加辫的编织程序，以及在编织过程中应注意的细节地方。

发辫的编织种类很多，三股辫是最基础的发辫编织方法，只有掌握了它的规律性，其他发辫的编织方法就可以在这个基础上去灵活的变化。

一、二股辫的编织方法

二股辫

1. 分出一份头发，梳顺表面。

2. 然后把整束头发均匀地分成二束。

3. 左、右手各拿一束头发，然后把左边侧边缘头发面发分一束与右边头发合成一束。

4. 然后把右侧边缘头发分一束与左边头发合成一束。

5. 按此方法把头发编至发尾。从两侧边缘取的头发越细，编织的纹理就越清晰。

6. 完成后的效果图。

二、三股辫的编织方法

三股辫
1. 取出一份头发，把表面梳顺。

2. 均匀地分出三束头发。

3. 把第一束头发放在第二束头发上面。

4. 然后把第三束头发放在第一束头发上面。

5. 按此方法编至发尾。用梳子倒梳连接，使辫子不容易松开。

6. 完成后的效果图。

三、四股辫的编织方法

四股辫

1. 先梳顺表面头发。

2. 然后把头发分四小束。

3. 第一束头发在第二束头发上面。

4. 第三束头发在第一束头发上面。

5. 第四束头发在第一束头发下面。

6. 按此方法继续把头发编至发尾。

四、五股辫的编织方法

五股辫

1. 先梳顺表面头发。

2. 然后把头发分五小束。

3. 第一束头发在第二束头发上面。

4. 第三束头发在第一束头发上面。

5. 第四束头发在第一束头发下面。

6. 第五束头发在第一束头发上面。

7. 按此方法把头发编至发尾。

五、三股反手辫的编织方法

三股反手辫的编织方法

1. 先把头发梳顺。

2. 然后把头发均匀分成三束。

3. 把第一束头发放在第二束头发下面。

4. 把第三束头发放在第一束头发下面。

5. 然后把第二束头发放在第三束头发下面，再从左边侧面加一束头发与第二束头发重合下面。

6. 右边加发与左边手相同。

7. 用梳子倒梳连接。

8. 完成后的效果图。

六、二股双加辫的编织方法

二股双加辫的编织方法

1. 分出一份头发，梳顺表面。

2. 然后把整束头发均匀地分成二束。

3. 左、右手各拿一束头发，然后把左边侧边缘头发面发分一束与右边头发合成一束。

4. 左、右手各拿一束头发，然后把右边侧边缘头发面发分一束与左边头发合成一束。

5. 然后从左边加头发与右边头发合成一束。

6. 然后从右边加头发与左边头发合成一束。

7. 按此方法把头发编至发尾。

8. 完成后的效果图。

七、三股单加辫的编织方法

三股单加辫

1. 从侧面取一份头发，并梳顺。

2. 把头发均匀分成三小束。

3. 把第一束头发放在第二束头发上面。

4. 把第三束头发放在第一束头发上面。

5. 然后把第二束头发放在第三束头发上面，再从侧面取头发加在第二束头发上面。

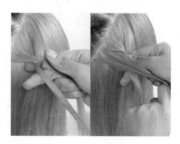

6. 按此手法编至头发发尾。

7. 用梳子把发尾倒梳连接。

8. 完成后的效果图。

第七节　盘发造型的设计手法

　　本节主要内容有叠包的手法、扭包手法、交叉包手法、手包手法包、电卷棒造型手法、卷筒的设计手法、手推波纹的设计手法、拧的手法。每种手法都详细概述了每一步的实际操作步骤。

　　能够在了解盘发造型设计手法的基础上，掌握手法知识的每个细节之处，具备一定的想象能力、审美能力和创造能力，把造型设计手法知识运用到发型设计中去，设计出更多的发型作品。

一、卷筒手法

卷筒手法即利用发片向内或向外卷而得到的，在盘发中，卷筒可以有直卷筒、单卷型卷筒、直卷型卷筒、层次型卷筒、玫瑰型卷筒、环型卷筒、"8"字形卷筒等，这里所演示的是直卷型卷筒，其操作手法如下：

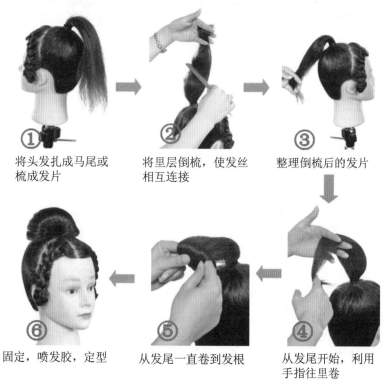

① 将头发扎成马尾或梳成发片　　② 将里层倒梳，使发丝相互连接　　③ 整理倒梳后的发片

⑥ 固定，喷发胶，定型　　⑤ 从发尾一直卷到发根　　④ 从发尾开始，利用手指往里卷

二、波纹手法

波纹造型在中国最早从 20 世纪 30 年代，随着西方造型文化的进入，在上海盛行，并与旗袍搭配，形成造型的经典，在现在社会上主要用于名流、明星出席各大晚会，今天介绍其中的一种，即手推波纹，其手法如下：

① 取出一片头发先梳顺　　② 利用梳子向下推出弧度　　③ 在弧度处上鸭嘴夹固定

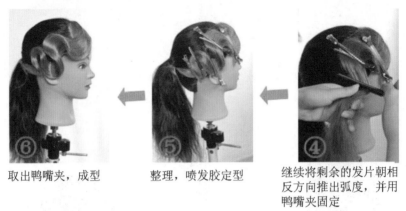

⑥ 取出鸭嘴夹，成型

⑤ 整理，喷发胶定型

④ 继续将剩余的发片朝相反方向推出弧度，并用鸭嘴夹固定

三、拧的手法

盘发设计中，拧即将发丝旋转，向搓绳子一样将两股头发缠绕在一起，在日常生活中，可搭配编辫等设计出不同的发型，其手法如下：

① 取发片，平均分成两股

② 将分好的发片左边的在上，右边的在下交叉

③ 左右手同时将两股头发往左拧，并交叉，继续……

④ 固定发尾，成型

四、锥筒包手法

在盘发中，包发会让人感觉干练、有气质，锥筒包是包法之中的一种，何谓锥筒，即盘完后，外观轮廓看上去呈圆锥状，其手法如下：

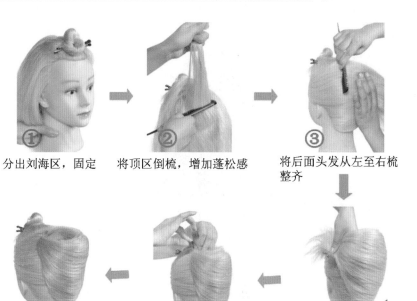

① 分出刘海区，固定　　② 将顶区倒梳，增加蓬松感　　③ 将后面头发从左至右梳整齐

⑥ 整理，成型　　⑤ 将发尾收于包发里面，用夹子固定　　④ 将梳好的头发从右至左旋转包于脑后，注意下面小，上面大

五、叠包手法

1. 先将头发梳顺，然后分区，分前区和后发区，把前区的头发编织的手法编好，使头发不容易松散。

2. 然后用尖尾梳将后发区的头发倒梳连接，制造头发的蓬松感。

3. 再将倒梳好的头发从左往右梳，把头发梳顺、梳光滑。

4. 喷上少量发胶定型，使头发不容易松散。

5. 按直线形，用一字夹从下往上将头发夹紧，直至下夹到头顶位置。

6. 最后一个夹子下到头顶位置时，方向是从上往下垂直下夹，使头发不容易松开，且更好地固定头发。

7. 把另一侧的头发倒梳连接。

8. 然后再把右边的头发从右往左梳，梳顺、梳光滑表面头发。

9. 喷上发胶定型。

10. 然后把右边梳好的头发，折叠包过来左边头发的位置后，下夹子固定。

11. 然后在左、右区折叠的头发位置，用夹子从下往上固定连接，遮盖头发的缝隙。

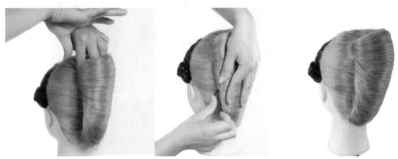

六、扭包手法

1. 先将头发梳顺，然后分区，分前区和后发区，把前区的头发编织的手法编好，使头发不容易松散。

2. 然后把后发区的头发梳顺，将头发向上梳至中间位置。

3. 喷上发胶定型。

4. 一手抓紧头发，另一手扭紧头发。

5. 把梳子垂直贴于头部，将扭好的头发从左往右围绕梳子转一圈后扭紧，收紧左右两侧的头发。

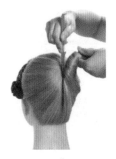

6. 然后把扭紧的头发下夹固定。上发胶定型。

7. 在包好的头发侧边缘线，用一字夹从下往上夹紧，使头发不容易松散。下夹时每个夹子的间距要相等，且形成一条左方斜直线。

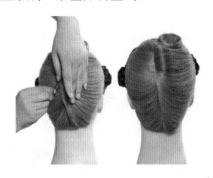

七、交叉包手法

1. 先将头发梳顺，然后分区，分前区和后发区，把前区的头发编织的手法编好，使头发不容易松散。

2. 将后发区再分三个区，分别是 V 字区、左区和右区。

3. 将 V 字区的头发从上往下进行倒梳，可以使左、右区的头发下夹固定。

4. 然后将左发区的头发斜行分区移动倒梳发根，使头发连接、蓬松。

5. 把左区表面头发梳光滑。

6. 然后在头发表面喷上少量发胶定型。

7. 把左区的头发用扭的手法提拉至 V 字区。

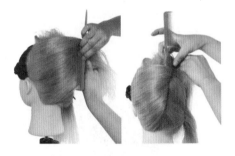

8. 把左区头发与 V 字区头发用夹子从上往下在头发的边缘线处下夹固定。

9. 将右发区的头发斜行分区移动倒梳发根，使头发连接、蓬松。

10. 梳光滑头发表面，喷上发胶定型。

11. 左、右区头发交叉在 V 字区下夹固定。

12. 然后把左、右区侧边缘头发交叉处下夹。

13. 把 V 字区头发梳光滑。

14. 然后扭紧头发下夹。

15. 左、右区头发交叉包好后，头发成斜直线型。

八、电卷造型手法

1. 先将头发梳顺，然后分区，分前区和后发区，把前区的头发编织的手法编好，使头发不容易松散。

2. 把后发区的头发从下往上按平行形分份，进行头发卷曲。

3. 把分出来的头发再平均分成两份。

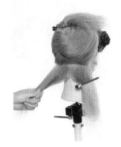

4. 先卷左边头发，左手拿头发，右手拿电卷棒，把电卷棒放在头发上面，然后把头发缠绕在电卷棒上。垂直向下（此方法是向内卷手法）。

5. 头发大概停留几十秒，松开电卷棒上的夹子。

6. 然后再卷左边头发，左手拿电卷棒，右手拿头发，把电卷棒放在头发上。然后把头发缠绕在电卷棒上。垂直向下（此方法是向内卷手法）。

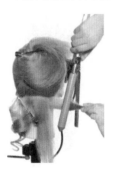

7. 头发大概停留几十秒，松开电卷棒上的夹子。

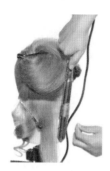

8. 然后把卷曲好的头发喷上发胶定型。

9. 整理后区卷曲好的头发，喷上发胶定型。

10. 完成后的效果图。

第八节　设计手法在盘发上的运用（共六款）

　　本节主要内容讲述了电卷棒造型手法、三股辫手法和扭包手法、手包手法、波纹手法、拧的手法及锥筒包手法在盘发造型设计中的运用实操。

　　设计手法在盘发上的运用，主要是手法与手法之间的相互组合，从而设计组合成了的发型，手法的运用会随着不同人物特点以及各种发质的特点而变化的。因此需要发挥一定的想象力与创造能力，来完成发型的设计过程。

一、电卷棒造型手法在盘发上的运用

　　1. 先把头模头发梳顺。

　　2. 然后把前区的头发分出来用鸭嘴夹夹好。

　　3. 电卷棒运用内卷的手法，把左边头发卷曲。

4. 右边的头发与左边手法操作相同。

5. 把刘海区的头发向外卷。

6. 用扭的手法把刘海区的头发向后扭好下夹。

7. 把第二束头发扭好下夹。

8. 把扭好的头喷上发胶定型。

9. 把卷奸的头发用手轻轻拉开，使头发蓬松。

10. 最好佩带好头饰，下夹固定。

11. 完成后的效果图。

二、三股辫手法和扭包手法在盘发上的运用

1. 先把头发梳顺、梳光滑。

2. 分出头发的刘海区。

3. 把后区的头发向上提升并且梳光滑。

4. 用扭包的手法把后区头发向上扭紧。

5. 下发夹固定。

6. 在扭包侧边缘线用发夹固定。

7. 在头发表面喷上少量发胶定型。

8. 用梳子把发尾收至扭包里。

9. 然后用三股双加法进行编织。

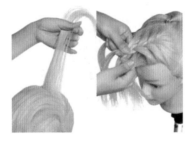

10. 然后把扭包的发尾用三股辫手法编好。

11. 下夹固定。

12. 佩戴好头饰。

13. 完成后的效果图。

三、手包手法在盘发上的运用

1. 先把头发梳顺。

2. 先分出刘海区和后发区。

3. 把头发倒梳连接，使头发蓬松。

4. 用右手按紧头，左手把头发向里卷曲。

5. 左手松开，右手把卷好的头发向上提拉，收紧头发。

6. 左手轻扶头发，右手下夹固定。

7. 在头发表面喷少量发胶定型。

8. 然后把刘海区头发倒梳连接。

9. 梳光滑头发表面，在头发表面喷上发胶定型。

10. 在刘海的中间位置下一个鸭嘴夹，把发尾向里卷曲。

11. 完成后的效果图。

四、波纹手法在盘发上的运用

其设计步骤如下：

分区：刘海区、后发区、两侧区共四区

除刘海区外，其他区域烫卷

刘海区头发倒梳，从刘海开始一起往后用正三股加二的手法编辫

将两侧头发利用正三股加一的手法编辫，和中间的辫汇合并固定

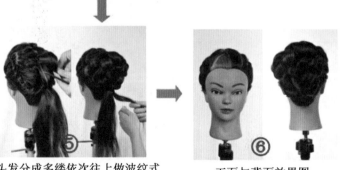

将头尾的头发分成多缕依次往上做波纹式
的卷，发型轮廓为从上至下呈倒三角形

正面与背面效果图

五、拧的手法在盘发上的运用

其设计步骤如下：

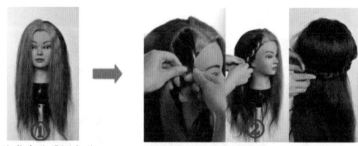

将头发中分或四六分　　　从右刘海开始将头发两股拧绳至耳后结束，
　　　　　　　　　　　　　并平行后拉固定于脑后

将两股拧绳合并缠绕固定于脑后　　　从左侧刘海开始将头发两股拧绳至耳
　　　　　　　　　　　　　　　　　后结束，并平行后拉固定于脑后

将剩余头发烫内卷，佩戴发饰　　　正、反效果图

六、锥筒包手法在盘发上的运用

其设计步骤如下：

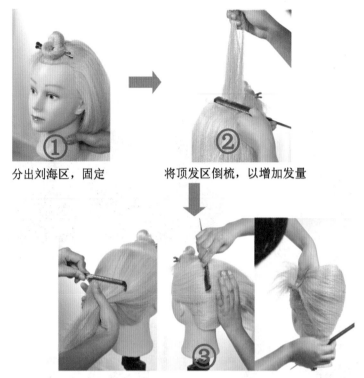

① 分出刘海区，固定　　② 将顶发区倒梳，以增加发量

③ 将后面所有头发往右梳，再向左包，形状上大下小，呈圆锥形

参 考 文 献

[1] 耿兵. 美发基础教材. 上海：上海交通大学出版社，2010.

[2] 李红梅. 编译初级美发培训教程·剪发. 辽宁：辽宁科学技术出版社，2012.

[3] 吴依霖. 完美发型不求人. 江苏：江苏人民出版社，2012.

[4] 陈志超. 卷发 编发. 吉林：吉林科学技术出版社，2013.

[5] 孙权. 美发实用技术解析. 辽宁：辽宁科学技术出版社，2013.

后　记

本书是结合教育部职成司实施的职业教育数字化资源共建共享计划而编写的教材，书中所阐述的内容是与网络课程配套使用，能实现网络教学与课堂教学的同步。

本书在编写过程中，甘迎春、宋以元、李季、高虹萍、毛晓青、贾秀杉、贺佳、付玲、徐兴、陈虹、刘春霞、李子睿、李东春、曾郑华、郭志鹏、曾慧、周璨、吴玉桃、刘伊等诸位编者为本书的编写做了大量的工作，倾注了大量的心血。

在本书付梓之际，我们要感谢北京启迪时代科技有限公司、南京金陵中等专业学校、大庆蒙妮坦职业高级中学、长沙财经学校、山东潍坊商业学校、成都现代职业技术学校、重庆市渝中职业教育中心等部门，对本书的出版所做出的大量协助沟通工作！同时，感谢清华大学出版社的各位老师对本书编辑、整理、校对等工作付出的辛勤劳动。

本书属于职业类教学用书，书中的专业知识随着技术的进步还有待改进，希望读者谅解。

编　者

2014 年 9 月 4 日